Entwicklung neuer Ansätze zum nachhaltigen Planen und Bauen

Deutschland hat sich zum Ziel gesetzt, dass bis zur Mitte des 21. Jh. der Gebäudebestand, der durch Herstellung und Nutzung für einen Großteil aller Treibhausgasemissionen ursächlich ist, nahezu klimaneutral sein soll. Aber auch die Schonung vorhandener Ressourcen, das Schaffen einer circular economy und die Verankerung der Prinzipien Effizienz, Konsistenz und Suffizienz beim Planen, Errichten, Nutzen und Zurückbauen unserer bebauten Umwelt sind der Anspruch, dem die Akteure des Bauwesens gerecht werden müssen.

Wichtige Projektentscheidungen werden häufig nicht auf Basis der zu erwartenden Nachhaltigkeit getroffen, sondern zumeist auf Basis ökonomischer Gesichtspunkte (Herstellkosten). Es gilt, alle Beteiligten zu sensibilisieren, dass das in der Herstellung günstigste Bauwerk selten das wirtschaftlichste oder gar nachhaltigste ist, betrachtet man den gesamten Lebenszyklus. Es ist also sinnvoll, die Nachhaltigkeit von Bauwerken nicht nur zu dokumentieren, sondern wichtige Entscheidungen auf Basis der Nachhaltigkeit zu treffen.

Diese Buchreihe möchte neue Erkenntnisse der angewandten Wissenschaften und Praxis vorgestellt, die dazu beitragen sollen, Veränderungen im Markt aufzuzeigen und zu begleiten, hin zu einer nachhaltigen Bauwirtschaft.

Rebekka Haas

Nachhaltigkeit von Produkten zum integralen Innenausbau

Anforderungen und Anwendungen

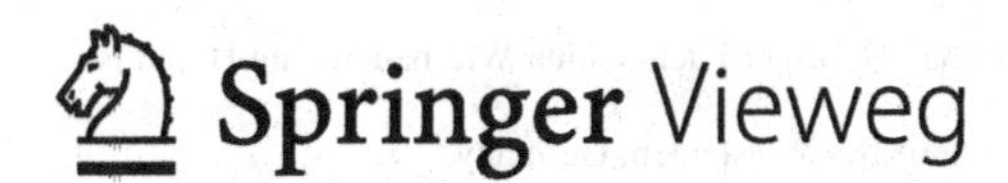

Rebekka Haas
Konstanz, Deutschland

ISSN 2948-1007 ISSN 2948-1015 (electronic)
Entwicklung neuer Ansätze zum nachhaltigen Planen und Bauen
ISBN 978-3-658-41292-0 ISBN 978-3-658-41293-7 (eBook)
https://doi.org/10.1007/978-3-658-41293-7

Die Deutsche Nationalbibliothek verzeichnet diese Publikation in der Deutschen Nationalbibliografie; detaillierte bibliografische Daten sind im Internet über http://dnb.d-nb.de abrufbar.

Planung/Lektorat: Ralf Harms
Springer Vieweg ist ein Imprint der eingetragenen Gesellschaft Springer Fachmedien Wiesbaden GmbH und ist ein Teil von Springer Nature.
Die Anschrift der Gesellschaft ist: Abraham-Lincoln-Str. 46, 65189 Wiesbaden, Germany

Kurzfassung

Die vorliegende Bachelorarbeit beschäftigt sich mit der Betrachtung von integralen Produkten und Konzepten für den Büroinnenausbau im Hinblick auf ihre Nachhaltigkeit. Mithilfe eines methodischen Vorgehens soll die Frage beantwortet werden, ob die Nachhaltigkeit einer Ausbaufläche durch die integrale Büroflächenkonzipierung beeinflusst wird.

Im Verlauf der Arbeit werden für den Büroinnenausbau relevante Nachhaltigkeitskriterien definiert. Die Kriterien werden anschließend in Form eines Analysekonzeptes aufgearbeitet. Schlussendlich erfolgt eine exemplarische Anwendung des erarbeiteten Konzeptes anhand eines realen Projektes. Im Zuge dessen wird eine konventionell geplante Bürofläche dem integralen Ausbaukonzept gegenübergestellt.

Im Zuge der Anwendung des Analysekonzeptes wurde eine konventionelle und eine integrale Ausbaufläche hinsichtlich der beiden Aspekte Flexibilität und Umnutzungsfähigkeit und Materialeinsatz gegenübergestellt.

Aus der Betrachtung des Kriteriums Flexibilität und Umnutzungsfähigkeit resultieren deutlich bessere Ergebnisse für die integrale Ausbauvariante. Insbesondere wurden deutliche Defizite der konventionellen Planung hinsichtlich der Flächeneffizienz unter Einhaltung der Technischen Regeln für Arbeitsstätten aufgezeigt. Die Untersuchung des Materialeinsatzes hingegen ergab deutlich bessere Werte für die konventionelle Gipskartontrennwand im Hinblick auf Primärenergiebedarf und Treibhausgaspotenzial.

Resultierend aus der Anwendung wird deutlich, dass das integrale Planen und Bauen Einfluss auf die Nachhaltigkeit von Büronutzflächen nimmt. Zudem wird durch den ganzheitlichen Ansatz einer integralen Flächenkonzeptionierung ein Überblicken der Abhängigkeiten unterschiedlicher Nachhaltigkeitsaspekte ermöglicht. Dies bietet einen Mehrwert bei der Nachhaltigkeitsbetrachtung.

Inhaltsverzeichnis

Abkürzungsverzeichnis

ArbStättV	Arbeitsstättenverordnung
ASR	Technische Regeln für Arbeitsstätten
BBSR	Bundesinstitut für Bau-, Stadt- und Raumforschung
BNB	Bewertungssystem Nachhaltiges Bauen
BREEAM	Building Research Establishment Environmental Assessment Method
DGNB	Deutsche Gesellschaft für Nachhaltiges Bauen
EPD	Environmental Product Declaration
HOAI	Honorarordnung für Architekten und Ingenieure
LEED	Leadership in Energy and Environmental Design
lfm	Laufmeter
Lux	lx
SDG	Sustainable Development Goal
TGA	Technische Gebäudeausrüstung
VSG	Verbundsicherheitsglas

Abbildungsverzeichnis

Tabellenverzeichnis

1 Einleitung

1.1 Veranlassung

Mit der Agenda 2030 wurden die Sustainable Development Goals (SDG), zu Deutsch Ziele für nachhaltige Entwicklung, im Jahr 2015 von den vereinten Nationen verabschiedet. Alle Mitgliedstaaten werden zum Handeln aufgerufen, mit dem Ziel jedem Menschen ein würdevolles Leben zu ermöglichen, unseren Planeten zu schützen und sicherzustellen, dass Frieden und Wohlstand für jeden gewährleistet wird. Eine erfolgreiche Umsetzung dieser vorangestellten Kernbotschaften kann nur mithilfe globaler Partnerschaften ermöglicht werden. Insgesamt wurden 17 Ziele in unterschiedlichen Bereichen, alle unter dem Gesichtspunkt Nachhaltigkeit, formuliert. [1] Daraus lässt sich schlussfolgern, dass die Thematik der Nachhaltigkeit in allen Bereichen unseres Lebens zunehmend an Relevanz gewinnt.

Bei Betrachtung einer Statistik zur Entwicklung des weltweiten CO_2-Ausstoßes ist bis auf einzelne Ausnahmen ein kontinuierlicher Anstieg zwischen 1995 und 2020 zu erkennen [2]. Dass die Baubranche einen erheblichen Beitrag an den Treibhausgasemissionen trägt, ist schon lange kein Geheimnis mehr. Im Klimaschutzplan 2050 veröffentlicht das Bundesministerium für Umwelt, Naturschutz und nukleare Sicherheit, dass die CO_2-Emissionen des Gebäudesektors 30 % der deutschlandweiten Treibhausgasemissionen ausmachen [3]. In einer Kurzstudie des Bundesinstitut für Bau-, Stadt- und Raumforschung (BBSR) wurde sogar aufgezeigt, dass im Jahr 2014 deutschlandweit die Gebäude einen Anteil von 40 % an den gesamten Treibhausgasemissionen tragen [4]. Davon entfallen 33 % der nationalen Emissionen auf die Nutzung und den Betrieb der Gebäude und 7 % auf die Herstellung, Errichtung und Modernisierung [4]. Resultierend aus dem Bestreben der Baubranche eine Änderung zu schaffen, entstehen zunehmend neue Ansätze

R. Haas, *Nachhaltigkeit von Produkten zum integralen Innenausbau*, Entwicklung neuer Ansätze zum nachhaltigen Planen und Bauen,
https://doi.org/10.1007/978-3-658-41293-7_1

und Konzepte im Hinblick auf Nachhaltigkeit. So war der Gewinner der DGNB Sustainability Challenge 2021 in der Kategorie Start-up ein Unternehmen, welches sich auf das Schließen von Materialkreisläufen bei Gebäuden spezialisiert hat und damit Ressourcen schont und den CO_2-Ausstoß verringert [5]. In diesem Jahr konnte ein Start-up, mit dem Ziel eine praktische und kostengünstige Begrünung von Schrägdächern zu ermöglichen, den Preis für sich gewinnen [6].

Neben dem Bestreben neue Lösungsansätze zu entwickeln, rücken Systeme und Zertifizierungen zur Bewertung der Nachhaltigkeit zunehmend in den Fokus. Laut eines von der DGNB veröffentlichten Reports lag die Zahl der vergebenen Zertifizierungen im Jahr 2021 bei 1492 Stück. Dies entspricht einem Anstieg von 14 % gegenüber dem Vorjahr. Die Anzahl der DGNB-Zertifizierungen weisen seit dem Jahr 2009 ein exponentielles Wachstum auf. Zudem zeigen die aufgeführten Zahlen, dass Büro und Verwaltungsgebäude, dem am häufigsten zertifizierten Nutzungsprofil entsprechen. [7]

Eine vom Statista Research Department veröffentlichte Statistik bestätigt, dass Bürogebäude zu den am häufigsten im Hinblick auf Nachhaltigkeit zertifizierten Gebäudetypen in Deutschland gehören. Im Jahr 2020 sind etwas unter 40 % der ausgezeichneten Gebäude Büros. [8]

Aus diesen Zahlen und Statistiken lässt sich ableiten, dass gerade bei der Planung und Realisierung von Büro- und Verwaltungsgebäuden der Nachhaltigkeitsaspekt zentraler Bestandteil ist. Infolgedessen ergibt sich ein damit verbundenes Interesse und Potenzial im Bereich der nachhaltigen Produkt- und Konzeptentwicklung.

1.2 Zielsetzung

Die vorliegende Bachelorarbeit beschäftigt sich mit der Betrachtung von integralen Produkten und Konzepten für den Büroinnenausbau im Hinblick auf ihre Nachhaltigkeit. Es wird die Hypothese aufgestellt, dass die integrale Büroflächenkonzeption einen Mehrwert im Sinne der Nachhaltigkeit bietet. Diese Hypothese gilt es mit den in der Arbeit gewonnen Erkenntnissen zu verifizieren beziehungsweise zu falsifizieren.

Die daraus resultierende übergeordnete Fragestellung dieser Bachelorarbeit lautet:

Beeinflusst die integrale Büroflächenkonzeptionierung die Nachhaltigkeit der Ausbaufläche?

Dabei werden soziokulturelle, ökologische und ökonomische Aspekte der Nachhaltigkeit herausgearbeitet. In Abhängigkeit des erzielten Ergebnisses soll betrachtet werden, in welchem Maß die integrale Büroflächenkonzeptionierung Einfluss auf die Nachhaltigkeit der Ausbaufläche nimmt.

Um eine Beantwortung der übergeordneten Forschungsfrage ermöglichen zu können, erfolgt die Definition einzelner Unterziele.

Es gibt eine Vielzahl von unterschiedlichen Aspekten, die Einfluss auf die Nachhaltigkeit von Bauwerken nehmen. Teilziel ist es die Aspekte auszuwählen, welche eine hohe Relevanz bei der Nachhaltigkeitsbetrachtung von Büroflächen aufweisen. Aus diesen Aspekten sollen Kriterien definiert werden.

- Definition der für den Büroinnenausbau relevanten Nachhaltigkeitskriterien.

Anschließend sollen die Kriterien so aufgearbeitet werden, dass sie in Zukunft bei der Nachhaltigkeitsbetrachtung von Büroausbaukonzepten als Orientierungshilfe herangezogen werden können. Dabei ist es nicht Anspruch ein vollumfängliches Bewertungskonzept auszuarbeiten. Vielmehr soll eine Betrachtung unter begrenztem Aufwand, sowohl für einzelne als auch für mehrere Nachhaltigkeitsaspekte eines Gesamtkonzeptes, ermöglicht werden.

- Entwicklung eines Analysekonzeptes zur Umsetzung einer möglichst nachhaltigen Ausbaufläche.

Schlussendlich soll ein integrales Büroausbaukonzept einem konventionellen gegenübergestellt werden. Es erfolgt eine Anwendung des zuvor erarbeiteten Analysekonzeptes. Das Ergebnis soll die Stärken und Schwächen einer konventionell und integral geplanten Ausbaufläche im Hinblick auf ihr Nachhaltigkeit darstellen.

- Anwendung des Analysekonzeptes anhand eines realen Projektes mit anschließender Auswertung.

1.3 Abgrenzung

Im Zuge der Ausarbeitung des Stands der Technik erfolgt die Darstellung sowohl von nationalen als auch internationalen Zertifizierungssystemen. Im weiteren Verlauf der Arbeit wird jedoch ausschließlich zu den nationalen BNB- und DGNB-Zertifizierungssystemen Bezug genommen. Dies ist darin begründet, dass eine Zertifizierung nach DGNB in der deutschen Baubranche am häufigsten durchgeführt wird [9]. Das BNB-System ähnelt dem der DGNB stark und kann dementsprechend genauso als deutscher Standard gesehen werden.

Die Nachhaltigkeitsbetrachtungen der vorliegenden Arbeit berücksichtigen ausschließlich den Innenausbau von Büroflächen und die damit zusammenhängenden Produkte und Konzepte. Dabei ist es irrelevant, ob es sich um Neubau- oder Bestandsobjekte handelt. Falls Bestandsgebäude betrachtet werden sollen, ist für eine sinnvolle Anwendung des Analysekonzeptes wichtig, dass eine Veränderung der bestehenden Bürofläche geplant ist.

Die vorliegende Bachelorarbeit betrachtet sowohl die Nachhaltigkeit von Produkten des integralen Innenausbaus als auch integrale Ausbaukonzepte. Dies begründet sich durch den engen Zusammenhang von integralen Produkten und Konzepten. Ein integrales Produkt kann nur mithilfe der passenden Konzeption optimal im Sinne der Nachhaltigkeit eingesetzt werden.

Das im Vorliegenden erarbeitete Analysekonzept soll kein vollumfängliches Bewertungskonzept darstellen. Vielmehr soll, wie in der Zielsetzung definiert, eine Betrachtung unter begrenztem Aufwand, sowohl für einzelne als auch für mehrere Nachhaltigkeitsaspekte eines Gesamtkonzeptes, ermöglicht werden.

Aufgrund des zeitlich und inhaltlich begrenzten Umfangs können ausschließlich zwei der sechs definierten Nachhaltigkeitskriterien aus Abschnitt 4.4 untersucht werden. In der Anwendung wird die Flexibilität und Umnutzungsfähigkeit sowie der Materialeinsatz von einer konventionellen und integralen Ausbaufläche betrachtet.

Die Auswertung der Umweltwirkungen als Bestandteil des Kriteriums Materialeinsatz beschränkt sich auf den Primärenergiebedarf und das Treibhausgaspotenzial. Dies begründet sich mit dem von der Bundesregierung verfolgten Ziel, Primärenergie einzusparen und eine Treibhausgasneutralität zu erreichen [3].

Außerdem wird im Zuge der Untersuchung des Materialeinsatzes sowohl für die konventionelle als auch für die integrale Planung ausschließlich ein repräsentativer Trennwandtyp herangezogen. Die Betrachtung des konventionellen Ausbaus erfolgt anhand einer Gipskartontrennwand, beim integralen Ausbau anhand einer Glastrennwand. In beiden Fällen handelt es sich um einen exemplarischen Produkttyp. In der Realisierung weisen beide Ausbauvarianten ein breiteres Produktspektrum auf, weshalb die Verwendung eines einzigen Wandtypens eine idealisierte Annahme darstellt.

1.4 Vorgehensweise

Zu Beginn der Arbeit werden mithilfe einer ausführlichen Recherche die Grundlagen für nachhaltiges und integrales Bauen erarbeitet und erläutert.

Darauf aufbauend folgt eine Darlegung des aktuellen Stands der Technik, sowie der Forschung. Im Zuge dessen werden die theoretischen Grundlagen zur Thematik der Nutzwertanalyse herausgearbeitet und dargestellt. Außerdem erfolgt eine Auswertung unterschiedlicher Forschungsarbeiten, welche den Ausgangspunkt für die anschließende Erstellung eines Analysekonzeptes bilden.

Das nächste Kapitel bildet den Schwerpunkt der Arbeit und beschäftigt sich mit der Erstellung des Analysekonzeptes. Damit einhergehend werden die Anforderungen an den nachhaltigen Büroinnenausbau herausgearbeitet. Anschließend wird das Bewertungsvorgehen für alle relevanten Kriterien ausführlich erläutert. Für eine übersichtliche Darstellung der zuvor gewonnen Ergebnisse erfolgt die Aufbereitung einer Orientierungshilfe, um in der Umsetzung ein möglichst nachhaltiges Büroausbaukonzept zu erreichen.

Im nachfolgenden Kapitel erfolgt eine Anwendung des erarbeiteten Analysekonzeptes. Es handelt sich um den Vergleich einer konventionell konzipierten Ausbaufläche gegenüber dem integralen Ausbausystem. Die Gegenüberstellung erfolgt anhand eines realen Projektes. Im Anschluss wird die Anwendung des Analysekonzeptes reflektiert und es erfolgt eine Erläuterung der daraus gewonnen Erkenntnisse.

Im letzten Abschnitt der Arbeit wird eine Schlussbetrachtung durchgeführt. Nach Zusammenfassung der gewonnen Ergebnisse, wird das daraus resultierende Fazit herausgearbeitet. Das Fazit überprüft die eingangs formulierte Forschungsfrage sowie die Umsetzung der definierten Unterziele. Im Anschluss erfolgt ein Ausblick, in welchem weitere Ideen und Forschungsansätze ausformuliert werden. Es wird thematisiert welche Potenziale sich in Zukunft aus der vorliegenden Bachelorarbeit ergeben.

Eine Übersicht des gesamten Vorgehens ist in der nachfolgenden Abb. 1.1 visualisiert.

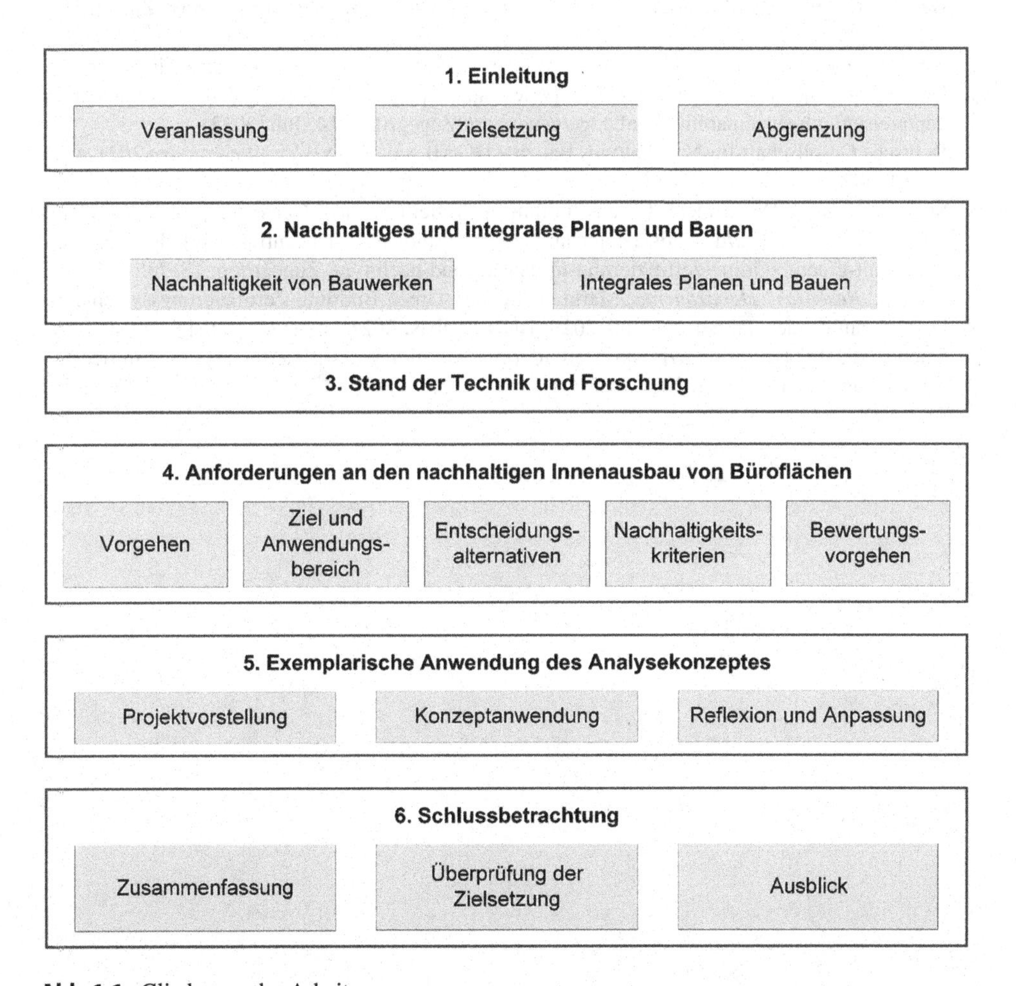

Abb. 1.1 Gliederung der Arbeit

Literatur

1. United Nations Development Programme: Die globalen Ziele für nachhaltige Entwicklung, https://www.bmz.de/de/agenda-2030. Zugegrifen: 7. Juli 2022.
2. Statista Research Department: Kohlenstoffdioxid – Globale Emissionen bis 2020 – Entwicklung des weltweiten CO2-Ausstoßes in den Jahren 1995 bis 2020, 2022. https://de.statista.com/statistik/daten/studie/208750/umfrage/weltweiter-co2-ausstoss/. Zugegrifen: 14. Juli 2022.
3. Bundesministerium für Umwelt, Naturschutz und nukleare Sicherheit: Klimaschutzplan 2050 – Klimaschutzpolitische Grundsätze und Ziele der Bundesregierung, Berlin, 2 Ausgabe November 2016.
4. Bundesinstitut für Bau-, Stadt- und Raumforschung: Umweltfußabdruck von Gebäuden in Deutschland – Kurzstudie zu sektorübergreifenden Wirkungen des Handlungsfelds „Errichtung und Nutzung von Hochbauten" auf Klima und Umwelt, Bonn Ausgabe Dezember 2020.
5. Deutsche Gesellschaft für Nachhaltiges Bauen – DGNB e.V.: DGNB Sustainability Challenge 2021: Kategorie Start-up – Gewinner: Concular – Das Ökosystem für Ressourceneffizientes Bauen. https://blog.dgnb.de/dgnb-sustainability-challenge-2021/kategorie-start-up/. Zugegrifen: 14. Juli 2022.
6. Deutsche Gesellschaft für Nachhaltiges Bauen – DGNB e.V.: Gewinner und Finalisten der DGNB Sustainability Challenge – Kategorie "Start-up", https://www.dgnb.de/de/veranstaltungen/preise/dgnb-sustainability-challenge/gewinner/. Zugegrifen: 14. Juli. 2022.
7. Deutsche Gesellschaft für Nachhaltiges Bauen – DGNB e.V.: DGNB Zertifizierungen 2021 Ausgabe Juni 2022.
8. Statista Research Department: Green Buildings – Verteilung nach Gebäudetyp in Deutschland 2020, 2022. https://de.statista.com/statistik/daten/studie/452461/umfrage/verteilung-der-gebaeude-mit-green-building-zertifizierung-in-deutschland-nach-typ/. Zugegrifen: 18. Juli 2022.
9. *Statista Research Department:* Marktanteile der Green-Building-Zertifizierungssysteme in Deutschland in den Jahren 2017 bis 2020. BNB Paribas, 2021, https://de.statista.com/statistik/daten/studie/452469/umfrage/marktanteile-der-green-building-zertifizierungssysteme-in-deutschland/. Zugegrifen: 8. Aug. 2022.

2 Nachhaltiges und integrales Planen und Bauen

Im folgenden Kapitel soll betrachtet werden, wie sich Nachhaltigkeit definiert und in welche Aspekte der Nachhaltigkeitsgedanke gegliedert wird. Dabei soll aufgezeigt werden, auf welche der Bestandteile von Nachhaltigkeit die Baubranche Einfluss nimmt und was für die Entwicklung von nachhaltigen Gebäuden relevant ist.

Zudem wird das Konzept des integralen Planens und Bauens erläutert und auf die zugrunde liegenden Bestandteile eingegangen.

2.1 Nachhaltigkeit von Bauwerken

Die im Rahmen der Agenda 2030 definierten Leitprinzipien und Ziele beschreiben Aspekte der Nachhaltigkeit aus unterschiedlichsten Bereichen. Soll die Nachhaltigkeit von Bauwerken bewertet werden, muss eine Betrachtung dieser unterschiedlichen Bereiche erfolgen.

Nach DIN EN 15643:2021-12 [1] definiert sich Nachhaltigkeit wie folgt: *„Zustand des Gesamtsystems, einschließlich der umweltbezogenen, sozi1alen und ökonomischen Aspekte, innerhalb dessen gegenwärtige Bedürfnisse erfüllt werden, ohne die Fähigkeit zukünftiger Generationen zur Erfüllung ihrer eigenen Bedürfnisse zu beeinträchtigen"*.

Genauso definiert das Bundesministerium des Inneren, für Bau und Heimat in einem für Nachhaltiges Bauen veröffentlichten Leitfaden, Ökonomie, Soziokulturelles und Ökologie als drei Dimensionen der Nachhaltigkeit. Die drei Dimensionen der Nachhaltigkeit sind in Abb. 2.1 zu sehen. Wichtig ist, dass alle drei Aspekte mit gleichem Stellenwert zu berücksichtigen sind. [2]

R. Haas, *Nachhaltigkeit von Produkten zum integralen Innenausbau*, Entwicklung neuer Ansätze zum nachhaltigen Planen und Bauen,
https://doi.org/10.1007/978-3-658-41293-7_2

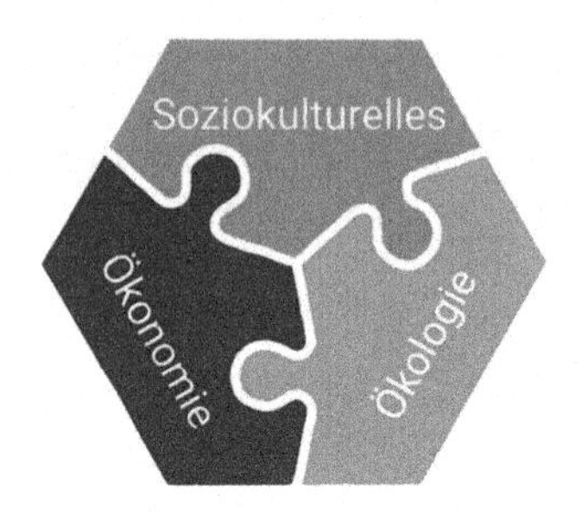

Abb. 2.1 Dimensionen der Nachhaltigkeit in Anlehnung an [2]

Ergänzend zu den drei Dimensionen aus Abb. 2.1 nimmt laut DIN EN 15643 die technische und funktionale Qualität Einfluss auf die Nachhaltigkeit eines Bauwerks. Dabei gilt es zu beachten, dass die drei Dimensionen der Nachhaltigkeit in Wechselwirkung mit der technischen und funktionalen Qualität eines Gebäudes stehen. [1]

Im Bewertungssystem Nachhaltiges Bauen, kurz BNB, werden neben der ökonomischen, ökologischen und sozialen Qualität, auch die technische Qualität und Prozessqualität berücksichtigt [2]. Des Weiteren fließen Standortmerkmale in die Nachhaltigkeitsbetrachtung mit ein [2]. Die gleichen Qualitäten werden in dem Nachhaltigkeitskonzept der Deutschen Gesellschaft für Nachhaltiges Bauen, kurz DGNB, berücksichtigt [3].

Für die Bewertung der Nachhaltigkeit eines Gebäudes ist es zwingend erforderlich eine Betrachtung des gesamten Lebenszyklus durchzuführen, da sich die ökologischen, ökonomischen und sozialen Aspekte über den gesamten Lebenszyklus auswirken. Genauso können alle Qualitäten durch Maßnahmen andauernd über den gesamten Lebenszyklus beeinflusst werden. [1]

2.1.1 Ökologische Qualität

Die Bewertung der umweltbezogenen Qualität eines Gebäudes wird in der DIN EN 15643-2 ausgeführt und beschrieben. Sie setzt sich aus den Umweltauswirkungen und Umweltaspekten zusammen. Demzufolge beschreibt die umweltbezogene Qualität die durch Bauwerke oder Bauteile verursachte Veränderung der Umwelt. [4]

Bei Betrachtung der Nachhaltigkeit in Orientierung anhand des DGNB- beziehungsweise BNB-Systems, wird im Gegensatz zur oben aufgeführten Norm von ökologischer Qualität gesprochen [2, 3]. Die Schutzziele der ökologischen Nachhaltigkeitsdimension werden nach dem Leitfaden Nachhaltiges Bauen [2] wie folgt festgelegt:

- Schutz des Ökosystems
- Schonung der natürlichen Ressourcen

Gebäude weisen über ihren gesamten Lebenszyklus hinweg einen äußerst hohen Bedarf an Energie und Rohstoffen auf, woraus starke Umweltwirkungen resultieren [2]. Für eine Quantifizierung der ökobilanziellen Aspekte kann die in der DIN EN 15643-2 beschriebene Ökobilanzierung herangezogen werden [4].

2.1.2 Soziokulturelle Qualität

Rahmenbedingungen zur Bewertung der sozialen Qualität werden in der DIN EN 15643-3 festgehalten. Die soziale Qualität wird durch soziale Aspekte und die dadurch verursachten sozialen Auswirkungen beschrieben. Soziale Aspekte definieren sich als Eigenschaften, die „eine gesellschaftliche Veränderung oder eine Veränderung der Lebensqualität herbeiführen können". [5]

Sowohl bei der DGNB Zertifizierung als auch beim BNB-System findet neben der Betrachtung von rein sozialen Gesichtspunkten auch die Berücksichtigung von funktionalen Anforderungen statt [2, 3]. Bei beiden Zertifizierungssystemen wird die soziokulturelle und funktionale Qualität bewertet [2, 3]. Durch die enge Verknüpfung dieser Qualität mit den menschlichen Vorstellungen und dem Werteempfinden stehen die damit verbunden Aspekte in starker Relation zur Nutzerzufriedenheit [2]. Eine hohe Nutzerzufriedenheit stärkt die Wertschätzung und die Wertbeständigkeit des Gebäudes und nimmt infolgedessen positive Auswirkung auf die Nachhaltigkeit [2].

Die soziokulturellen Schutzziele sind im Leitfaden Nachhaltiges Bauen, wie folgt definiert [2]:

- Bewahrung von Gesundheit, Sicherheit und Behaglichkeit
- Gewährleistung von Funktionalität
- Sicherung der gestalterischen und städtebaulichen Qualität

2.1.3 Ökonomische Qualität

Die Rahmenbedingungen für die Bewertung der ökonomischen Qualität wird in der DIN EN 15643-4 beschrieben. Laut dieser Norm setzt sich die ökonomische Qualität aus ökonomischen Aspekten und den damit verbunden Auswirkungen zusammen. Unter ökonomischen Aspekten werden Eigenschaften des betrachteten Objekts verstanden, welche Bedingungen mit Bezug auf die Wirtschaftlichkeit beeinflussen können. In der DIN EN 15643-4 sind zwei quantitative Bewertungsansätze für die ökonomische Qualität beschrieben. Zum einen kann die ökonomische Qualität in Form von Lebenszykluskosten erfasst werden. Der zweite Bewertungsansatz drückt die ökonomische Qualität mithilfe des Kapitalwerts aus. [6]

Der Leitfaden Nachhaltiges Bauen definiert die ökonomische Qualität von Gebäuden über den Erfüllungsgrad der im Folgenden aufgeführten Schutzziele [2]:

- Minimierung der Lebenszykluskosten
- Verbesserung der Wirtschaftlichkeit
- Erhalt von Kapital und (Gebäude-)Wert

Die Schutzziele stehen in Wechselwirkung zueinander, weshalb eine ganzheitliche Betrachtung unerlässlich ist. Optimierungsmaßnahmen müssen in jedem Fall unter Berücksichtigung aller Aspekte gewählt werden. [7]

2.2 Integrales Planen und Bauen

Das Wort „integral“ wird laut Duden [8] wie folgt definiert: *„zu einem Ganzen dazugehören und es erst zu dem machend, was es ist“*. Diese Definition lässt viel Spielraum und es erweist sich als schwierig einen einheitlichen Bezug zur Baubranche herzustellen [9]. Aus diesem Grund gibt es kein klar definiertes und einheitliches Verständnis, welche Parameter dem Konzept des integralen Planens und Bauens zugrunde liegen [9].

In einem in der Zeitschrift „Bauphysik“ veröffentlichten Artikel wird konkludiert, dass trotz unterschiedlicher Ansätze dem integralen Planen und Bauen ähnliche Kerngedanken zugrunde liegen. Die Basis des integralen Planens und Bauens liegt in einem ganzheitlichen Planungsansatz, unter Berücksichtigung der für Bauprojekte typischen Schwierigkeiten. [9]

Die integrale Planung ist außerdem Bestandteil des Bewertungssystems Nachhaltiges Bauen und ist ein Kriterium der Prozessqualität. Ziel ist es die komplex miteinander verknüpften Planungsbestandteile über den gesamten Lebenszyklus hinweg, übersichtlicher zu gestalten. Dabei soll durch schrittweises Vorgehen eine Optimierung des Planungsprozesses, sowie der Schnittstellen zwischen den einzelnen Projektbeteiligten, erreicht werden. Resümierend handelt es sich bei der integralen Planung im Sinne des BNB um die Entwicklung eines ganzheitlichen Planungskonzeptes unter Berücksichtigung der zuvor definierten Nachhaltigkeitsziele. [10]

Auch der DGNB-Kriterienkatalog berücksichtigt die Optimierung des Planungsprozesses als Bestandteil der Zertifizierung. Das Kriterium wird mit „Qualität der Projektvorbereitung“ betitelt und ist ein Faktor der Prozessqualität. [3]

Integrales Planen und Bauen im Bereich des Büroinnenausbaus umfasst eine gewerkeübergreifende Analyse, Planung und Konzeption der Fläche. Übergeordnetes Ziel ist es, mithilfe des ganzheitlichen Ansatzes, Kosten zu reduzieren und gleichzeitig die Ausbauqualität zu steigern. Neben der Schnittstellenoptimierung sollen aufeinander abgestimmte integrale Produkte einen reibungslosen Bauablauf gewährleisten. Zudem sorgt das abgestimmte Produktkonzept für mehr Flexibilität. Bauteile können ohne signifikanten Aufwand umstrukturiert, angepasst oder ergänzt werden. Die Steigerung der Ausführungsqualität ist unter anderem dem hohen industriellen Vorfertigungsgrad der Ausbaukomponenten zu verdanken. Mithilfe der industriellen Herstellung kann eine

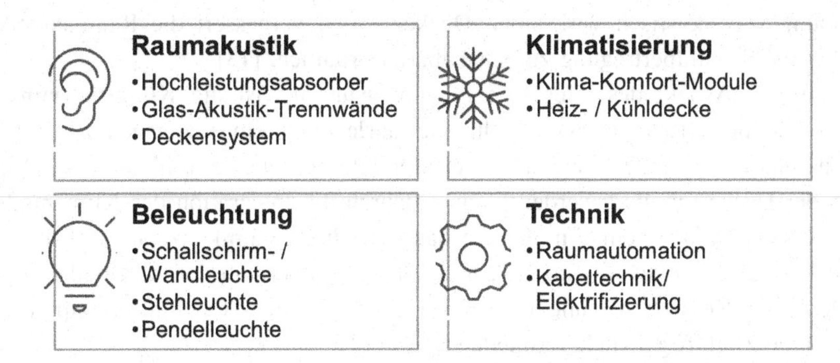

Abb. 2.2 Auszug des integralen Produktportfolios

wesentlich präzisere Produktion und geringere Fehlerquote sichergestellt werden. Die einzelnen Komponenten werden im Anschluss auf der Baustelle zu dem zuvor optimal konzipierten Ausbaukonzept zusammengefügt. Der hohe Vorfertigungsgrad führt des Weiteren zu einer verkürzten Ausbauzeit. [11]

Integrale Produkte und Konzepte

Für die Umsetzung des integralen Planens und Bauens von Büroflächen erfolgt die Anwendung einer vielfältigen und aufeinander abgestimmten Produktpalette sowie deren konzeptioneller Anordnung [11].

In Abb. 2.2 sind verschiedene Aspekte des integralen Ausbausystems und die dafür konzipierten Produkte zusammengefasst.

Ein zentraler Aspekt des ganzheitlichen Büroinnenausbaus ist eine angenehme **Raumakustik** und die dahingehend unterstützenden Produkte.

Die vom Unternehmen Renz eigens dafür entwickelten Hochleistungsabsorber erzielen ein Bedämpfen im gesamten Frequenzbereich und erreichen so eine optimale Störpegelreduktion. Durch die individuelle Auswahl an Oberflächen und Farben lassen sich die Akustikelemente optimal im gewählten Designkonzept integrieren. Für die Reduktion des Direktschalls erfolgt die Anordnung von Glas-Akustik-Schallschirmen. Dabei handelt es sich um schirmende Glasflächen in Kombination mit den zuvor beschriebenen Akustikelementen. Neben der raumakustischen Verbesserung und der Verringerung von Störgeräuschen wird, durch die Umsetzung einer Raumzonierung, zudem ein Mehrwert für die Ungestörtheit und Privatsphäre am Arbeitsplatz erreicht. [12]

Das unternehmenseigene Deckensystem ergänzt das integrale Gesamtkonzept. Das Profilsystem der Decke ist für das Aufstellen von integralen Trennwandsystemen, wie zum Beispiel Glas-Akustik-Schallschirmen konzipiert. Die dadurch ermöglichte schnelle und unkomplizierte Montage erzielt ein Maximum an Flexibilität. Änderungen des Bürokonzeptes werden mit minimalen Zeit- und Kostenaufwand ermöglicht. Neben den konzeptionellen Vorteilen entsteht auch ein Mehrwert im Bereich der Raumakustik. Die

Verwendung von akustisch wirksamen Deckenplatten verbessert die Raumakustik und verhindert die Schallübertragung zu benachbarten Räumen. [13]

Ein weiterer Aspekt des integralen Büroinnenausbaus ist die **Klimatisierung.** Das Renz Klima-Komfort-Modul ist für die Gewährleistung eines angenehmen Raumklimas konzipiert. Es handelt sich um Einzelmodule, welche sowohl an der Wand als auch an der Decke montiert werden können. Durch die Integration des Klimamoduls in den Akustikkassetten ist ein Einfügen in das optische Gesamtkonzept möglich. Zudem kann auch eine verdeckte Ausführung, beispielsweise oberhalb der Abhangdecke, erfolgen. Die Klima-Komfort-Module verwenden ein innovatives Quellluftprinzip, wodurch unangenehme Zugluft gänzlich vermieden wird. [14]

Alternativ kann die Raumklimatisierung mithilfe einer integralen Heiz- und Kühldecke erfolgen. Dabei werden die Eigenschaften eines konventionellen Deckensystems durch die integralen Vorteile ergänzt. Das Profilsystem der Heiz- und Kühldecke ist für den Einsatz von integralen Trennwänden konzipiert. Aus diesem Grund wird eine einfache Montage und ein hohes Maß an Flexibilität gewährleistet. [15]

Die **Beleuchtung** beeinflusst die Behaglichkeit und Produktivität am Arbeitsplatz signifikant. Aus diesem Grund bietet das Unternehmen Renz auch für diesen Aspekt die passenden integralen Ausbauprodukte. Das Produktsortiment besteht aus Schallschirm- beziehungsweise Wandleuchten, Stehleuchten und Pendelleuchten. Für alle Leuchtentypen ist eine Ausführung mit indirekter, direkter oder kombinierter Strahlung möglich. Durch die verbaute Werfertechnik ist eine optimale Ausleuchtung der Arbeitsplätze, selbst ohne direkten Strahlungsanteil, möglich. [16]

Der integrale Ausbauaspekt **Technik** setzt sich aus der Raumautomation sowie der Elektro- und Kabeltechnik zusammen. Die Renz Raumautomation ermöglicht mithilfe benutzerfreundlicher Soft- und Hardware eine individuelle Anpassung der Gebäudetechnik durch den Nutzenden. Es ergeben sich Steuerungsmöglichkeiten für Beleuchtung, Beschattung sowie Klimatisierung. Die integrale Kabeltechnik ermöglicht ein innovatives Elektrifizierungskonzept mit maximaler Flexibilität. Die Kabelführung erfolgt durch das eigens dafür konzipierte Bodenprofil der Trennwände, wodurch unflexible Bodentanks überflüssig werden. Strom- und Netzwerksteckdosen können im Bodenprofil oder in den Wänden angeordnet werden. [17]

Wie die bauliche Umsetzung des integralen Ausbausystems aussehen kann, ist in Abb. 2.3 zu sehen.

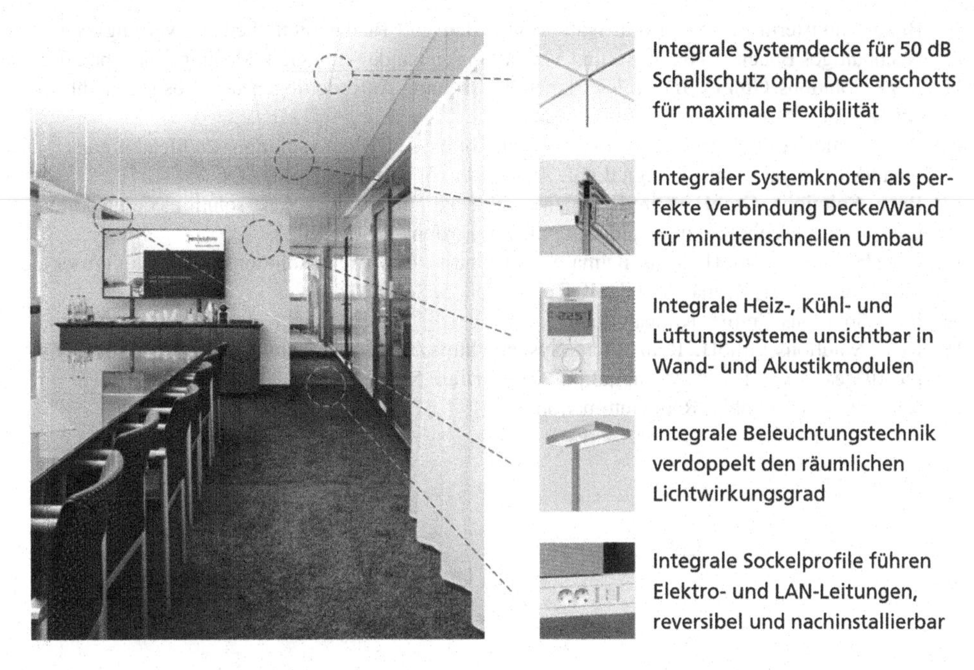

Abb. 2.3 Bauliche Umsetzung des integralen Ausbausystems interne Abbildung der Renz Solutions GmbH

Literatur

1. DIN EN 15643: Nachhaltigkeit von Bauwerken. Europäische Norm, Ausgabe Mai 2021.
2. Bundesministerium des Inneren, für Bau und Heimat: Leitfaden Nachhaltiges Bauen – Zukunftsfähiges Planen, Bauen und Betreiben von Gebäuden Ausgabe Januar 2019.
3. Deutsche Gesellschaft für Nachhaltiges Bauen – DGNB e.V.: DGNB SYSTEM – Kriterienkatalog Gebäude Neubau Ausgabe 2018.
4. DIN EN 15643–2: Nachhaltigkeit von Bauwerken – Bewertung der Nachhaltigkeit von Gebäuden. Norm, Ausgabe Mai 2011.
5. DIN EN 15643–3: Nachhaltigkeit von Bauwerken – Bewertung der Nachhaltigkeit von Gebäuden. Norm, Ausgabe April 2012.
6. DIN EN 15643–4: Nachhaltigkeit von Bauwerken – Bewertung der Nachhaltigkeit von Gebäuden. Norm, Ausgabe April 2011.
7. Eisele, J., Harzdorf, A., Hüttig, L., et al. (2020). *Multifunktionale Büro- und Geschäftshäuser*. Wiesbaden: Springer Fachmedien Wiesbaden.
8. *Bibliographisches Institut GmbH – Dudenverlag:* Integral, https://www.duden.de/rechtschreibung/integral. Zugegrifen: 19. Juli 2022.
9. Gantner, J., Both, P. von, Rexroth, K. et al. (2018). Ökobilanz – Integration in den Entwurfsprozess – BIM-basierte entwurfsbegleitende Ökobilanz in frühen Phasen einer Integralen Gebäudeplanung. *Bauphysik 40*(5), 286–297. https://doi.org/10.1002/bapi.201800016.

10. Bundesministerium für Umwelt, Naturschutz Bau und Reaktorsicherheit: Bewertungssystem Nachhaltiges Bauen (BNB) Büro und Verwaltungsgebäude – Integrale Planung Ausgabe 2015.
11. Renz Solutions GmbH: Integrales Planen & Bauen – Anforderungen und Lösungen für die zukunftssichere Immobilie.
12. Renz Solutions GmbH: Renz Akustik System, https://www.renz-solutions.de/fileadmin/user_upload/Messeflyer_Akustik_digital.pdf. Zugegrifen: 5. Sept. 2022.
13. Renz Solutions GmbH: Die Renz Integraldecke, https://www.renz-solutions.de/fileadmin/user_upload/Datenblatt_Integraldecke.pdf. Zugegrifen: 5. Sept. 2022.
14. Renz Solutions GmbH: Renz Klima System, https://www.renz-solutions.de/fileadmin/user_upload/Messeflyer_Klima_digital.pdf. Zugegrifen: 5. Sept. 2022.
15. Renz Solutions GmbH: Klimasysteme.
16. Renz Solutions GmbH: Renz Licht System, https://www.renz-solutions.de/fileadmin/user_upload/Messeflyer_Leuchten_digital.pdf. Zugegrifen: 5. Sept. 2022.
17. Renz Solutions GmbH: Raumautomation.

3 Stand der Technik und Forschung

Im folgenden Kapitel werden zu Beginn die Grundlagen einer Nutzwertanalyse erläutert. Es erfolgt eine Betrachtung des Zwecks einer Nutzwertanalyse sowie die Darstellung des Ablaufs. Anschließend wird ein Überblick über die aktuellen Zertifizierungssysteme des nachhaltigen Bauens gegeben.

Im Anschluss daran erfolgt die Auswertung mehrerer Forschungsprojekte. Dabei wird sowohl die Erstellung von Bewertungskonzepten thematisiert als auch die Relevanz unterschiedlicher Kriterien herausgearbeitet. Zu Beginn erfolgt eine Einführung in das jeweilige Forschungsprojekt mit einer Erläuterung des angestrebten Forschungsziels. Darüber hinaus werden das Vorgehen sowie die daraus resultierenden Ergebnisse erläutert. Schlussendlich wird aufgezeigt in welchem Maß die neu gewonnen Erkenntnisse für den weiteren Verlauf der vorliegenden Bachelorarbeit relevant sind.

3.1 Nutzwertanalyse

Als einer der Grundsätze des Qualitätsmanagements wird in der DIN EN ISO 9000 die faktengestützte Entscheidungsfindung aufgeführt. Es wird die Aussage getroffen, dass die Ergebnisse von Entscheidungen infolge einer ausführlichen Analyse repräsentativer sind. Dies wird in der Komplexität des Entscheidungsfindungsprozesses und den damit in Verbindung auftretenden Unsicherheiten begründet. Als eine der möglichen Maßnahmen wird „das Analysieren und Bewerten der Daten und Informationen mit Hilfe geeigneter Verfahren“ aufgeführt. [1].

Auch *Kühnapfel* beschreibt in seinem Buch „Nutzwertanalysen in Marketing und Vertrieb“, dass sich das Treffen von komplexen Entscheidungen für den Menschen aus

R. Haas, *Nachhaltigkeit von Produkten zum integralen Innenausbau*, Entwicklung neuer Ansätze zum nachhaltigen Planen und Bauen,
https://doi.org/10.1007/978-3-658-41293-7_3

verschiedenen Gründen als äußerst schwierig erweist. Zum einen neigen wir dazu vielschichtige Probleme drastisch zu vereinfachen, was einerseits dabei hilft Entscheidungen schneller treffen zu können. Andererseits steigt die Menge an Fehlentscheidungen. Des Weiteren ist der Mensch so konzipiert, dass er sich beim Treffen von Entscheidungen für das Gewohnte und gegen das Neue entscheidet. Diese Eigenschaft führt dazu, dass vorteilsbringende Veränderungen als solche eventuell nicht wahrgenommen werden und Chancen verloren gehen. Die Nutzwertanalyse soll genau diese Problematik eliminieren und das rationale sowie objektive Treffen von komplexen Entscheidungen ermöglichen. [2].

Zweck einer Nutzwertanalyse

Durch den Einsatz einer Nutzwertanalyse erfolgt die Berücksichtigung aller entscheidungsrelevanten Aspekte, die Gewährleistung von Objektivität sowie Nachvollziehbarkeit und das Aufzeigen von eventuell noch fehlendem Wissen für die Entscheidungsfindung. Den Zweck, welcher mit der Anwendung einer Nutzwertanalyse verfolgt wird, ist in Abb. 3.1 visualisiert. [3].

Ablauf einer Nutzwertanalyse

Die Methodik der Nutzwertanalyse besteht darin, eine komplexe Problemstellung in einzelne Teilaspekte zu fragmentieren. Die einzelnen Teilaspekte werden in Bezug auf die Problemstellung gewichtet. Nachfolgend werden alle entscheidungsrelevanten Aspekte bewertet und zu einem Gesamtwert, dem Nutzwert, zusammengefasst. [3].

Das ausführliche Vorgehen bei der Durchführung einer Nutzwertanalyse wird von *Kühnapfel* in insgesamt zehn Schritte untergliedert. Diese Schritte sind in Abb. 3.2 übersichtlich zusammengefasst. [3].

Abb. 3.1 Zweck einer Nutzwertanalyse in Anlehnung an [3]

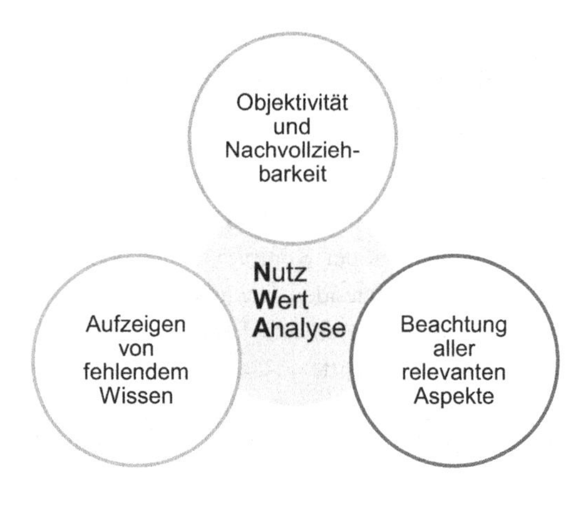

1
- **Organisation des Arbeitsumfelds und Planung**
  - Projektleiter und Moderator bestimmen
  - Teilnehmerkreis bestimmen

2
- **Beschriebung des Ziels und des Entscheidungsproblems**
  - Welches Ziel wird mit Durchführung der Nutzwertanalyse angestrebt?

3
- **Auswahl der Entsscheidungsalternativen**
  - Alternative/Optionen auf die Zielstellung angepasst auswählen
  - Alternative/Optionen beschreiben

4
- **Bestimmung der Entscheidungskriterien**
  - Auswahl von Kriterien, die den Nutzen einer Option bewerten
  - gegebenenfalls Kategorisierung der Kriterien

5
- **Gewichtung der Entscheidungskriterien**
  - relativer Beitrag eines Kriterums am Gesamtnutzen ermitteln

6
- **Skalen und Bewertungsvorschriften**
  - Skalen zur Bewertung der Kriterien vorgeben

7
- **Bewerten der Entscheidungskriterien**
  - Festlegen wie bewertet werden soll
  - Auswertung

8
- **Berechnung des Nutzwerts bzw. Scores**
  - Zusammenzählen der kriterienspezifischen Scores zu einem Gesamtscore

9
- **Sensitivitätsanalyse**
  - Stabilität des Ergebnisses prüfen durch die Veränderung unterschiedlicher Parameter der Nutzwertanalyse

10
- **Präsentation und Dokumentation des Ergebnisses**
  - Präsentation der Methodik, Ergebisse, Sensitivitätsanalyse
  - Dokumentation des Ablaufs

Abb. 3.2 Übersicht des Ablaufs einer Nutzwertanalyse in Anlehnung an [3]

3.2 Normen und Zertifizierungssysteme

Um die Nachhaltigkeit von Gebäuden bewerten und darstellen zu können, gibt es unterschiedliche Zertifizierungssysteme auf dem internationalen und dem deutschen Markt. Die in der deutschen Baubranche etablierten Zertifizierungssysteme sind:

- Building Research Establishment Environmental Assessment Method (BREEAM),
- Leadership in Energy and Environmental Design (LEED),
- System der Deutschen Gesellschaft für Nachhaltiges Bauen (DGNB),
- Bewertungssystem Nachhaltiges Bauen (BNB). [4]

Die beiden deutschen Zertifizierungssysteme, BNB sowie DGNB, orientieren sich in ihrem Aufbau an der DIN EN 15643 [4]. Die Strukturierung beider Systeme ist aus diesem Grund nahezu gleich aufgebaut. Die drei Dimensionen des nachhaltigen Bauens, die ökologische, ökonomische und soziokulturelle und funktionale Qualität, werden zu gleichen Teilen berücksichtigt [5, 6]. Darüber hinaus findet die technische Qualität, die Prozessqualität sowie die Standortqualität Einfluss in der Betrachtung [5], [6].

Die internationalen Zertifizierungssysteme BREEAM und LEED legen den Fokus auf eine Bewertung der ökologischen Aspekte. Über die Hälfte der Gesamtbetrachtung wird durch ökologische Bestandteile bestimmt. [4].

Das Zertifizierungssystem LEED setzt sich aus neun übergeordneten Themenfeldern zusammen. Betrachtet werden dabei beispielsweise Wassereffizienz, Materialien und Ressourcen sowie Innenraumqualität. [7].

Auch das Zertifizierungskonzept BREEAM berücksichtigt neun unterschiedliche übergeordnete Kategorien. Diese unterscheiden sich jedoch teilweise von den im Rahmen einer LEED-Zertifizierung berücksichtigten Aspekten. Eine Bewertung nach BREEAM beinhaltet beispielsweise die Kategorien Wasser, Material, Abfall sowie Boden und Ökologie. [8]

3.3 Entwicklung eines Modells zur Bewertung der Nachhaltigkeit von Bestandsgebäuden

Im Jahr 2017 veröffentlichte *Fauth* an der Universität der Bundeswehr München eine Dissertation mit dem Titel: „Entwicklung eines Modells zur Bewertung der Nachhaltigkeit von Bestandsgebäuden“. Ziel der Arbeit ist es eine Methodik zu entwickeln, die zur nachhaltigen Entwicklung von Gebäuden beiträgt. Dabei soll der Ist-Zustand eines Gebäudes hinsichtlich der dazugehörigen ökologischen, sozialen und ökonomischen Ressourcen aufgenommen werden. [9].

Vorgehen

Die Modellentwicklung erfolgt in mehreren Schritten. Zu Beginn werden die Grundlagen der Modellentwicklung beschrieben. Im Zuge dessen erfolgt eine Modelleinordnung und die Definition von Modellrandbedingungen. Im organisatorischen Kontext wird das Bewertungsmodell dem Immobilien Asset Management zugeordnet. Bei Betrachtung des Gebäudelebenszyklus, kann die Bewertung der Nachhaltigkeit von Bestandsgebäuden ausschließlich in Phasen, in welchen das Objekt zur Verfügung steht, stattfinden. Dabei kann eine Unterscheidung in einzelne wiederkehrende Phasen getroffen werden: Betriebs-, Leerstands-, Umbau-/Modernisierungs-/Sanierungs- und Vermarktungsphase. Einerseits erfolgt eine Bewertung anhand des Models im Zuge von Phasenübergängen, da diese Zeitpunkte häufig mit Veränderungen einhergehen. Andererseits ist eine kontinuierliche Aufnahme des Ist-Zustands innerhalb der Lebenszyklusphasen mithilfe des Modells vorgesehen. Anschließend erfolgt die Einordnung des Modells hinsichtlich des Planungsprozesses. Dafür findet eine Betrachtung der Planungsphasen äquivalent zum Planungsprozess von Neubauprojekten statt. Die Modellanwendung soll zu Beginn in den Phasen Grundlagenermittlung und Vorplanung erfolgen, da hier das Potenzial einer Einflussnahme am größten ist. [9].

Ergebnisse

Im Anschluss erfolgt die eigentliche Entwicklung des Modells zur Bewertung nachhaltiger Objektqualitäten. Der Modellaufbau orientiert sich an dem Aufbau einer Nutzwertanalyse. Es werden Ziele zur Charakterisierung der Nachhaltigkeit von Gebäuden festgelegt und untergliedert bis messbare Merkmale vorliegen. Anschließend wird eine Systematik sowie eine Skalierung zur Betrachtung der Merkmale entwickelt. Abschließend erfolgt die Bestimmung des Nutzens aller Einzelkriterien am jeweiligen Ziel. Durch die Gewichtung der Kriterien wird der anteilige Nutzen für die Erreichung des Gesamtziels bestimmt. Infolge des Zusammenfassens aller Teilwerte ergibt sich der Nutzwert. [9].

Im Rahmen der Modellausarbeitung definiert *Fauth* für die Dimensionen Ökologie, Soziales und Ökonomie eine Reihe von Schutzgütern, Oberziele und daraus abgeleitete Unterziele. Für eine bessere Verständlichkeit ist aus dem Zielsystem für Soziales auszugsweise das Schutzgut Komfort mit seinen beiden Bestandteilen Nutzerzufriedenheit und Funktionalität in der nachfolgenden Tab. 3.1 dargestellt. [9].

Bei der thermischen Behaglichkeit handelt es sich beispielsweise um ein übergeordnetes Ziel, was wiederum in Unterziele (hoher Wärmeschutz, hoher baulicher Sonnenschutz, etc.) aufgegliedert wird. [9].

Für die Identifikation der Merkmalausprägung sowie der Gebäudeeigenschaften erfolgt in der von *Fauth* veröffentlichten Forschungsarbeit die Herleitung einer dafür geeigneten Struktur. Die Typologie gliedert sich in die Hauptbestandteile Gestaltung, Konstruktion und Technische Gebäudeausrüstung. Anschließend erfolgt eine weitere Untergliederung bis einzelne Merkmalausprägung für eine Bestandsaufnahme vorliegen. [9].

Tab. 3.1 Unterziele des Schutzguts Komfort in Anlehnung an [9]

	Schutzgüter	Oberziele	Unterziele
Komfort	Nutzer-zufriedenheit	thermische Behaglich-keit	hoher Wärmeschutz
			hoher baulicher Sonnenschutz
			gute Kälteversorgung durch Bereitstellung von Kühlenergie
			behagliche Luftfeuchtigkeit
		akustische Behaglich-keit	geringer Außenlärmpegel
			hoher Außenschallschutz
			hoher Körperschallschutz in Abhängigkeit der Bauweise
			hohe Schallabsorption für gute Raumakustik
		visueller Komfort	hohe Tageslichtverfügbarkeit
			gute Sichtbezüge Außenraum
			gute Sichtbezüge Innenraum
			Blendfreiheit
	Funktionalität	Nutzungs-freiheiten	hohe Flexibilität Raumgrößen
			hohe Flexibilität Raumnutzung
			hohe gebäudebezogene Außenraumqualität
			Barrierefreiheit
		Bedien-komfort	viele nutzerabhängige Steuerungs- und Regelungsmöglichkeiten

3.4 Behaglichkeit – Wechselwirkung bauphysikalischer Einflüsse

In der Zeitschrift Bauphysik veröffentlichten die Autoren *Dworok* und *Mehra* im Jahr 2018 einen Artikel mit dem Titel „Behaglichkeit – Wechselwirkung bauphysikalischer Einflüsse“. Der zentrale Aspekt des Artikels ist das Aufzeigen von Relationen zwischen der Zufriedenheit unterschiedlicher Behaglichkeitsaspekte. Im Schwerpunkt wird die wechselseitige Beziehung von thermischer und akustischer Zufriedenheit auf die Gesamtbehaglichkeit konkretisiert. Im Beitrag werden zu Beginn die Ergebnisse unterschiedlicher Literaturquellen ausgewertet und gegenübergestellt. Außerdem erfolgt die Darstellung eigener Untersuchungsergebnisse. [10].

Ergebnis der Literaturauswertung

Die von *Dworok* und *Mehra* durchgeführte Literaturauswertung kommt zu dem Gesamtergebnis, dass zwischen thermischen und akustischen Raumparametern eine eindeutige Wechselwirkung mit Einfluss auf die Gesamtbehaglichkeit besteht. Trotzdem wird hervorgehoben, dass abweichende Forschungsergebnisse erzielt wurden, was auf eine Varianz der jeweils zugrunde gelegten Rahmenbedingungen zurückzuführen ist. [10].

Im Rahmen des Artikels wird der Beitrag [11] zitiert. In einer dem Beitrag zugrunde liegenden Studie wird eine starke Korrelation zwischen der operativen Raumtemperatur und dem subjektiven Empfinden des Schallpegels nachgewiesen. Die durchgeführte Studie kommt zu dem Ergebnis, dass bei einer angenehmen und neutralen Raumtemperatur von 24 °C das Auftreten von Geräuschen als merklich störender empfunden wird, als dies bei einer unbehaglichen Raumtemperatur von 18 oder 30 °C der Fall ist. Infolge dieses Ergebnisses wird konkludiert, dass sich die Gesamtbehaglichkeit nicht durch die Betrachtung der einzelnen Umgebungsparameter beschreiben lässt. Vielmehr ist die Wechselwirkung zwischen den Einflussgrößen von signifikanter Relevanz. [11].

Zudem wurde in der Studie herausgefunden, dass die thermische Einschätzung mithilfe der Umgebungsgeräusche beeinflusst werden kann. Bei einem hohen Geräuschpegel kommt es häufiger zu thermischer Unbehaglichkeit. Durch ein empirisches Verfahren wurde ermittelt, dass eine Temperaturabweichung von 1 °C zum thermischen Neutralzustand mit einer fast 3 dBA Erhöhung im wahrgenommenen Schalldruckpegel gleichzustellen sind. Da der thermische Komfort infolge dieser geringen Temperaturveränderung nur geringfügig tangiert wird, der akustische Komfort sich jedoch signifikant verschlechtert, ist diese Erkenntnis besonders bedeutend. [11].

Vorgehen

Um die Wechselwirkungen verschiedener bauphysikalischer Einflussgrößen auf die Nutzerbehaglichkeit genauer zu untersuchen, führt *Dworok* eine Studie durch. Es erfolgt eine spezifische Betrachtung der Raumakustik von studentischen Arbeitsräumen sowie der damit einhergehenden Behaglichkeit. Die Untersuchungen werden einerseits in zwei realen Arbeitsbereichen sowie in simulierten Räumen mit akustisch identischen Randbedingungen durchgeführt. Die Simulation wird einerseits mithilfe einer Wellenfeldsynthese, andererseits durch die Kunstkopfstereofonie durchgeführt. Die Untersuchung erfolgt mit insgesamt 17 Probanden. [10].

Ergebnisse

Zentrales Ergebnis der durchgeführten Untersuchung ist das Aufzeigen einer signifikanten Korrelation zwischen der subjektiven Einschätzung der Raumakustik sowie der Raumtemperatur. Dieses Ergebnis resultiert aus der durchgeführten Befragung und ist in Abb. 3.3 dargestellt. Während Raum B eine angenehme Raumtemperatur von 21,7 °C aufweist, beläuft sich die Temperatur in Raum A auf nur 19,4 °C. In Raum B fällt die subjektive Wahrnehmung der Raumakustik entsprechend positiv aus, wohingegen in Raum A eine Unzufriedenheit verzeichnet wird. Darüber hinaus wurde die Korrelation von subjektiver Wahrnehmung der Akustik und Raumtemperatur mit einer Varianzanalyse ebenfalls bestätigt. [10].

Wie zufrieden sind Sie mit...

der Temperatur an
Ihrem Arbietsplatz

dem Ausmaß nicht-
sprachl. Geräusche an
Ihrem Arbeitsplatz

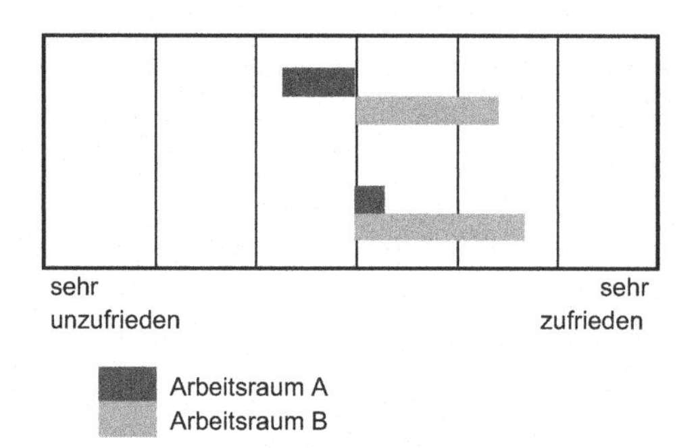

Abb. 3.3 Korrelation zwischen der subjektiven Einschätzung der Raumakustik sowie der Raumtemperatur in Anlehnung an [10]

3.5 Gewichtung soziokultureller Nachhaltigkeitskriterien

Im Jahr 2015 veröffentlichte *Dittmar* an der Technischen Universität Berlin eine Dissertation mit dem Titel „Potenziale einer wirkungsbasierten Wertsynthese bei der soziokulturellen Nachhaltigkeitsbewertung von Büro- und Verwaltungsgebäuden nach DGNB/BNB“. Übergeordnetes Ziel der Arbeit ist es, *„das Konzept einer wirkungsbasierten Wertsynthese für das DGNB/BNB Bewertungssystem zu entwickeln und exemplarisch anzuwenden, um auf dieser Basis a priori geschätzten Gewichtungsfaktoren zu überprüfen und ggf. zu korrigieren.“* [12].

Ziel der vorliegenden Forschung

Zum Erreichen der übergeordneten Zielstellung wird das sukzessive Vorgehen mithilfe der Erarbeitung von drei aufeinander aufbauenden Forschungszielen gewählt. Im ersten Schritt verfolgt *Dittmar* das Ziel eine Quantifizierung der Bewertungsindikatoren des nachhaltigen Bauens zu ermöglichen. Der Mehrwert eines nachhaltigen Gebäudes soll somit messbar gemacht werden. Dafür werden Zielwerte, orientiert an den drei Nachhaltigkeitsdimensionen, definiert. Als zweites Ziel soll der relative Beitrag, der zuvor quantifizierten Zielwerte, am Gesamtziel messbar gemacht werden. Um dies erreichen zu können muss analysiert werden, inwiefern ein kriterienspezifisches Ziel die Erreichung des Gesamtziels beeinflusst. Es handelt sich um die Entwicklung eines theoretischen Konzeptes zur Gewichtung einzelner Zielindikatoren im Hinblick auf das Gesamtziel. Die praktische Umsetzung des theoretischen Konzeptes erfolgt im Rahmen des dritten Forschungsziels. Es wird zuerst der Mehrwert eines exemplarischen Indikators zur Zielerreichung quantifiziert und anschließend gewichtet. Die Durchführung erfolgt exemplarisch anhand des soziokulturellen Zielwertindikators, sowie der damit zusammenhängenden Kriterien und Attributen. [12].

Tab. 3.2 Unterziele des Schutzguts Komfort in Anlehnung an [9]

	Zielwert-indikator	Methode zur Zielertragsmessung	Grundlage für Gewichtungen	Aussagekraft der Zielwertindikatoren
Soziokultur	Nutzer-zufriedenheit am Büro-arbeitsplatz	Messung von attribut-spezifischen Zufriedenheits-wirkungen mit der KANO Methode	Spannweite zwischen positiven und negativen Zufriedenheitswirkungen	Potential eines Kriteriums Zufriedenheit/Unzufriedenheit hervorzurufen

Vorgehen

Infolge einer ausführlichen Betrachtung der soziokulturellen, ökonomischen und ökologischen Aspekte der Nachhaltigkeit wurden jeweils Zielwertindikatoren definiert. Daraus erfolgt die Ableitung einer Methode zur Zielertragsmessung, sowie die Definition einer Gewichtungsgrundlage. Die Ergebnisse dieses Teilbereichs wurden in der vorliegenden Forschung tabellarisch dargestellt. Auszugsweise sind die Ergebnisse des soziokulturellen Indikators in Tab. 3.2 aufgelistet. Es wurde sich für die ausschließliche Darstellung der soziokulturellen Parameter entschieden, da diese im späteren Verlauf der betrachteten Dissertation zur exemplarischen Durchführung der Wertsynthese herangezogen werden. [12].

Es ist zu erkennen, dass der Zielwert des soziokulturellen Aspektes anhand der Nutzerzufriedenheit am Arbeitsplatz eingeschätzt wird. Die Zufriedenheit der Arbeitsplatznutzenden wird mithilfe der KANO Methode für die jeweiligen Attribute erfasst. Attribute im Rahmen des soziokulturellen Zielwerts sind wiederrum abhängig von den dazugehörigen Kriterien. Beim thermischen Komfort handelt es sich beispielsweise um ein Kriterium, welches sich aus den vier unterschiedlichen Attributen operative Temperatur, Zugluft, Strahlungstemperatursymmetrie und relative Luftfeuchte zusammensetzt. Im Rahmen der KANO Methode werden zwei Zufriedenheitskoeffizienten ermittelt. Die Koeffizienten geben Auskunft darüber, in welchem Ausmaß ein Attribut Zufriedenheit, beziehungsweise Unzufriedenheit auslöst. Die Spannweite zwischen den beiden Zufriedenheitskoeffizienten ist Grundlage für die anschließende Gewichtung. [12].

Für die Erfassung der Nutzerzufriedenheit wurden als Bestandteil der KANO Methode Umfragen unter Büronutzenden durchgeführt. [12].

Es wurden Fragen bezüglich der in Abb. 3.4 dargestellten Kriterien gestellt und ausgewertet [12].

Im Rahmen der Auswertung wurden alle den Kriterien zugeordneten Attribute mithilfe einer KANO Kategorie klassifiziert. Im Anschluss erfolgte die Ermittlung der Gewichtung der Kriterien in Bezug auf die gesamten soziokulturellen Aspekte. [12].

thermischer Komfort Winter/Sommer	Innenraum-luftqualität	akustischer Komfort
visueller Komfort	Einflussnahme-möglichkeit Nutzer	Außenraumqualität
Sicherheit und Störfallrisiken	Grundrissqualität	Schallschutz
Wärme- und Feuchteschutz	Optimale Nutzung und Bewirtschaftung	Mikrostandort

Abb. 3.4 Kriterien der Umfrage in Anlehnung an [12]

Ergebnisse

Um die Forschungsergebnisse einordnen zu können, braucht es ein Verständnis zur Bedeutung der KANO Kategorien. Im Rahmen der von *Dittmar* erarbeiteten Dissertation wurden folgende vier KANO Kategorien berücksichtigt:

- Must-Be Quality Elements (M): Dabei handelt es sich um Attribute, die vorausgesetzt werden. Sind diese erfüllt rufen sie keine gesteigerte positive Auswirkung hervor, im Gegenzug verursacht das Nichtvorhandensein Unzufriedenheit. [13]
- One-dimensional Quality Elements (O): Attribute dieser Kategorie stehen abhängig davon, ob sie erfüllt sind, in einem proportionalen Verhältnis zu Zufriedenheit und Unzufriedenheit. [13]
- Attractive Quality Elements (A): Attribute mit dieser Zuordnung werden nicht grundlegend erwartet. Sind sie vorhanden fällt dies positiv auf und die Zufriedenheit wird gesteigert. [13]
- Indifferent Quality Elements (I): Ist ein Attribut hier kategorisiert, spricht dies für einen nur geringen Einfluss auf die Zufriedenheit, als auch auf die Unzufriedenheit. [13]

Werden die Ergebnisse der Kategorisierung betrachtet, zeigt sich, dass beispielsweise die operative Temperatur als M eingestuft ist. Daraus abgeleitet, wird eine angenehme Raumtemperatur vor allem im Winter als gegeben angesehen. [12].

Als besonders attraktive Eigenschaft wird von Büronutzenden eine angenehme Akustik, vor allem in Mehrpersonenbüros, angegeben. Außerdem bewerten auch 40,2 % der Befragten die Akustik in Einzelbüros als attraktiv. Jedoch erfolgt hier keine Klassifizierung, da die Auswertung ergibt, dass bei 36,1 % der Befragten ein nur bedingter Einfluss auf ihre Zufriedenheit mit diesem Attribut verknüpft ist. Auch eine angenehme Lautstärke in der Kantine verknüpfen Büronutzende mit zusätzlicher Attraktivität. Aus diesen Ergebnissen kann konkludiert werden, dass zumindest für einen Großteil der Nutzenden, ein durchdachtes Akustikkonzept die Arbeitsplatzattraktivität deutlich steigert. [12].

Kritische Auseinandersetzung mit der Dissertation

Übergeordnetes Ziel der Dissertation ist eine Gegenüberstellung der DGNB-, beziehungsweise BNB-Kriteriengewichtung, mit den im Rahmen der Forschung ermittelten wirkungsbasierten Gewichtungen, in Bezug auf die sozialen Aspekte der Nachhaltigkeit. *Dittmar* kommt zu dem Ergebnis, dass infolge der deutlich erkennbaren Abweichungen ein Anpassungsbedarf der Gewichtungen bezüglich der beiden Zertifizierungssysteme besteht. Die Kriteriengewichtungen der Zertifizierungssysteme entsprachen dem damals aktuellen Stand. Die Gewichtungen nach DGNB sind von 2012 und die der BNB-Zertifizierung aus dem Jahr 2011. [12].

Beide Zertifizierungssysteme wurden zwischenzeitlich aktualisiert und die Gewichtungen verändert. Die Gewichtungen der zum heutigen Stand aktuellen BNB-Bewertungstabelle für Neubauten von Bürogebäuden aus dem Jahr 2015, unterscheiden sich an vielen Stellen signifikant von der Version 2011 [6]. Genauso verhält es sich mit den heute aktuellen DGNB-Gewichtungen, welche dem zuletzt im Jahr 2018 aktualisierten Kriterienkatalog zu entnehmen sind [5]. Neben den Gewichtungsfaktoren haben sich auch die Bezeichnungen mancher Kriterien geringfügig geändert. Andere Kriterien sind in ihrer ursprünglichen Form nicht mehr Bestandteil der Bewertung. Dementsprechend ist der von *Dittmar* erstellte Vergleich in seiner anfänglichen Form nicht mehr aktuell und hat keine Aussagekraft über die Richtigkeit der heute aktuellen Kriteriengewichtung infolge einer DGNB- oder BNB-Zertifizierung. In Anlage 1 erfolgt die Darstellung des von *Dittmar* geführten Vergleichs mit den zum heutigen Stand aktuellen Gewichtungen.

3.6 Immobilienproduktivität: Der Einfluss von Büroimmobilien auf Nutzerzufriedenheit und Produktivität

Im Jahr 2011 veröffentlichte *Krupper* an der TU Darmstadt eine Studie mit dem Titel: „Immobilienproduktivität: Der Einfluss von Büroimmobilien auf Nutzerzufriedenheit und Produktivität“. Die Studie widmet sich der Problemstellung, dass der Wandel der Arbeitswelt eine Veränderung der Konzeptionierung von Büroflächen zur Folge hat. Ziel der Arbeit ist es der Frage nachzugehen, inwiefern die Nutzenden zufrieden mit dem jeweiligen Bürokonzept sind und welche Auswirkungen auf die Produktivität sich daraus ergeben. [14]

Vorgehen

Um der gestellten Zielfrage nachzugehen, wird im Rahmen einer empirischen Studie eine schriftliche Befragung an der Technischen Universität Darmstadt durchgeführt. Miteinbezogen in die Befragung wurden insgesamt 1528 Mitarbeitende und Büronutzende aus elf Gebäuden. Etwas weniger als die Hälfte aller Befragten nahmen an der Befragung teil, womit die Rücklaufquote 41,7 % betrug. *Krupper* konkludiert aus diesem Ergebnis, dass die Büronutzenden eine entsprechende Relevanz für die Thematik empfinden. Neben dem

Abfragen der Zufriedenheit der Büronutzenden war auch die Angabe des bestehenden Bürokonzeptes Teil des Fragebogens. Die Zufriedenheit bewerten die Befragten anhand einer siebenstufigen Ordinalskala mit einem Spektrum von Auswahlmöglichkeiten von „völlig unzufrieden" bis „völlig zufrieden". [14]

Ergebnisse

Die erste von *Krupper* dargestellte Auswertung bezieht sich auf die allgemeine Zufriedenheit mit der Büroumgebung in Bezug auf das jeweilige Bürokonzept. Dabei fällt auf, dass Nutzende eines Einzelbüros tendenziell zufriedener sind als dies bei anderen Konzepten der Fall ist. In Mehrpersonenbüros haben 75 % der Befragten eine neutrale Antwort oder besser gegeben. Obwohl im Kombibüro weniger Mitarbeitende zusammensitzen, fällt hier die Befragung etwas schlechter als unter Nutzenden des Mehrpersonenbüros aus. Am schlechtesten schneidet das Großraumbüro ab. Keiner der Befragten hat angegeben sehr oder völlig zufrieden zu sein. [14]

Interessant sind außerdem die Ergebnisse, welche aus der Auswertung der Zufriedenheit des Raumklimas im Sommer resultieren. Insgesamt ist auffällig, dass alle Nutzenden unabhängig des vorliegenden Bürokonzeptes eine tendenzielle Unzufriedenheit aufweisen. Immerhin gaben 61,6 % aller Befragten an, die Sommertemperatur sei zu warm, wohingegen nur 12,7 % die Temperatur als optimal einschätzen. Das Winterklima schneidet bei der Gesamtbetrachtung besser ab. 56,8 % aller Befragten schätzen die Temperatur im Winter als optimal ein. Wird die Bewertung unter Berücksichtigung der differierenden Bürokonzepte betrachtet fällt auf, dass die Nutzenden des Einzelbüros und des Mehrpersonenbüros eine nahezu gleiche Zufriedenheit aufweisen. Ein Großteil der Nutzenden des Kombibüros gab an, ziemlich zufrieden zu sein oder dem Winterklima neutral gegenüberzustehen. Unter den Nutzenden von Großraumbüros gibt es die größte Unzufriedenheit bezüglich des Winterklimas. Der Großteil stuft die Zufriedenheit neutral oder schlechter ein. [14]

Die Auswertung des Befragungsaspektes nach der Zufriedenheit mit dem Tageslicht fällt generell positiv aus. Unabhängig vom Bürokonzept stufen die meisten Nutzenden ihre Zufriedenheit als ziemlich zufrieden oder besser ein. Die Auswertung der Zufriedenheit mit der Raumbeleuchtung fällt im Einzel- und Mehrpersonenbüro ähnlich positiv aus. Die Befragung von Nutzenden des Kombibüros liefert geringfügig schlechtere aber weiterhin positive Ergebnisse. Im Großraumbüro ist die Spanne zwischen zufriedenen und unzufriedenen Nutzenden am größten. Insgesamt zeigen auch hier die Ergebnisse eine positive Tendenz. [14]

Wird die Zufriedenheit mit der Lärmsituation betrachtet fallen die Unterschiede in Abhängigkeit des Bürokonzeptes unmittelbar auf. Während 44,1 % der Einzelbüronutzenden den vorhandenen Geräuschpegel als optimal beschreiben, sind es im Mehrpersonenbüro 26,1 %, im Kombibüro 11,1 % und im Großraumbüro nur 4,5 %. Es ist deutlich erkennbar, dass bei Betrachtung des Geräuschpegels eine steigende Personenanzahl im Büro mit einer erhöhten Unzufriedenheit der Nutzenden einhergeht. Treten Störgeräusche auf, sind diese in den meisten Fällen auf Gespräche und sonstige Geräusche von Kollegen zurückzuführen. Dahingegen kommt der Bürotechnik als Lärmquelle eine ausschließlich sekundäre Bedeutung zu. [14]

Im Rahmen der empirischen Studie wird von den Befragten eine Selbsteinschätzung ihrer Produktivität in Abhängigkeit der Umgebungsbedingungen verlangt. Bei der Auswertung zeigen sich deutliche Unterschiede der Produktivität unter Berücksichtigung des Bürokonzeptes. Etwas mehr als 40 % der Nutzenden von Einzelbüros geben an, dass die Umgebungsbedingungen einen zumindest leicht positiven Einfluss auf ihre Produktivität haben. Diese Einschätzung wurde dahingegen von keinem der Großraumbüronutzenden angegeben. Hier gehen etwa dreiviertel der Befragten von einer Reduktion ihrer Produktivität infolge der Umgebungsbedingung aus. [14]

3.7 Anwendung von Stand der Technik und Forschung im weiteren Verlauf

Erstellung des Analysekonzeptes

Das Analysekonzept hat zum Ziel den Nutzen verschiedener Planungs- und Produktkonzepte in Bezug auf ihre Nachhaltigkeit darzustellen. Die Erstellung des Analysekonzeptes orientiert sich aus diesem Grund an den erarbeiteten Grundlagen für das Durchführen einer Nutzwertanalyse aus Abschn. 3.1. Des Weiteren wird die von *Fauth* veröffentlichte Dissertation für die Ausarbeitung des vorliegenden Analysekonzeptes herangezogen. Die Erstellung orientiert sich an der in Abschn. 3.3 beschriebenen Erstellung eines Modells zur Bewertung der Nachhaltigkeit von Bestandsgebäuden.

Kriterienauswahl

Die Auswahl der für die Nachhaltigkeitsbetrachtung relevanter Kriterien stellt einen zentralen Aspekt der vorliegenden Arbeit dar. Da die Qualität einer Bürofläche in engem Zusammenhang mit den Nutzenden und ihrer Zufriedenheit steht, wurden primär Forschungsarbeiten bezüglich soziokultureller Qualität ausgewertet.

Die von *Dworok* geführte Forschung zu den Wechselwirkungen bauphysikalischer Einflussgrößen auf die Nutzerzufriedenheit bildet die Grundlage für nachfolgende Überlegungen bezüglich der Berücksichtigung soziokultureller Parameter. Auch die Veröffentlichungen von *Dittmar* und *Krupper* werden herangezogen, um fundierte Entscheidungen über relevante soziokulturelle Entscheidungskriterien zu treffen. Anhand der durchgeführten Befragungen kann abgeschätzt werden, welche Kriterien einen hohen Stellenwert bei Betrachtung der Nutzerzufriedenheit aufweisen.

Eine Erläuterung der berücksichtigten Aspekte im Einzelnen findet im Zuge der Definition relevanter Nachhaltigkeitskriterien in Abschn. 4.4 statt.

Literatur

DIN EN ISO 9000:2015: Qualitätsmanagementsysteme. Norm, Ausgabe September 2015.

Kühnapfel, J. B. (2014). *Nutzwertanalysen in Marketing und Vertrieb.* Springer Fachmedien Wiesbaden.

Kühnapfel, J. B. (2021). *Scoring und Nutzwertanalysen.* Springer Fachmedien Wiesbaden.

Bartels, N., Höper, J., Theißen, S., et al. (2022). *Anwendung der BIM-Methode im nachhaltigen Bauen – Status quo von Einsatzmöglichkeiten in der Praxis.* Springer Fachmedien Wiesbaden.

Deutsche Gesellschaft für Nachhaltiges Bauen – DGNB e.V.: DGNB SYSTEM – Kriterienkatalog Gebäude Neubau Ausgabe 2018.

Bundesministerium des Inneren, für Bau und Heimat: Leitfaden Nachhaltiges Bauen – Zukunftsfähiges Planen, Bauen und Betreiben von Gebäuden Ausgabe Januar 2019.

U.S. Green Building Council: LEED v4.1 Building Design and Construction – Getting started giude for beta participants Ausgabe Juli 2022.

TÜV SÜD AG: BREEAM: Höchste Standards bei internationaler Vergleichbarkeit. https://www.tuvsud.com/de-de/branchen/real-estate/immobilien/energie-und-nachhaltigkeit-bei-immobilien/breeam. Zugegrifen: 5. Sept. 2022.

Rainer Fauth: Entwicklung eines Modells zur Bewertung der Nachhaltigkeit von Bestandsgebäuden. München, Universität der Bundeswehr, Dissertation, 2017.

Dworok, P.-M., Mehra, S.-R. (2018). Behaglichkeit – Wechselwirkungen bauphysikalischer Einflüsse. *Bauphysik, 40*(1), 9–18. https://doi.org/10.1002/bapi.201810003.

Pellerin, N., Candas, V. (2004). Effects of steady-state noise and temperature conditions on environmental perception and acceptability. *Indoor air, 14*(2) 129–136. https://doi.org/10.1046/j.1600-0668.2003.00221.x.

Dittmar, A. (2015). *Potenziale einer wirkungsbasierten Wertsynthese bei der soziokulturellen Nachhaltigkeitsbewertung von Büro- und Verwaltungsgebäuden nach DGNB/BNB.* Berlin, Technische Universität Berlin, Dissertation.

Hölzing, J.A. (2008). *Die Kano-Theorie der Kundenzufriedenheitsmessung – Eine theoretische und empirische Überprüfung, Gabler Edition Wissenschaft.* Gabler.

Krupper, D. Immobilienproduktivität: Der Einfluss von Büroimmobilien auf Nutzerzufriedenheit und Produktivität. Eine empirische Studie am Beispiel ausgewählter Bürogebäude der TU Darmstadt Ausgabe 2011

4 Anforderungen an den nachhaltigen Innenausbau von Büroflächen

In diesem Kapitel werden, in Anlehnung an den aktuellen Stand der Technik sowie vor Hintergrund der zuvor ausgewerteten Forschungsarbeiten, Kriterien mit Einfluss auf die Nachhaltigkeitsbetrachtung von Büroimmobilien ausgewählt und erläutert. Der Schwerpunkt liegt auf solchen Kriterien, welche durch den Innenausbau und der damit verbundenen integralen Planung beeinflusst und gesteuert werden können.

4.1 Vorgehen bei der Erstellung des Analysekonzeptes

In diesem Abschnitt wird das Vorgehen für die Erstellung eines Analysekonzeptes zur Nachhaltigkeitsbetrachtung von Produkten und Konzepten beim integralen Büroinnenausbau beschrieben und dargestellt. Eine Übersicht des geplanten Vorgehens ist in Abb. 4.1 dargestellt.

Als Grundlage werden die aus Abschn. 3.1 gewonnen Erkenntnisse zur Durchführung einer Nutzwertanalyse herangezogen und angepasst. Zudem erfolgt eine Orientierung an dem in Abschn. 3.3 betrachteten Vorgehen von *Fauth* bei der Erstellung eines Bewertungsmodels.

Zu Beginn wird ein übergeordnetes Ziel ausformuliert, welches mit der Anwendung des Analysekonzeptes verfolgt wird. Im Zuge dessen wird zudem darauf eingegangen, in welchen Bereichen eine spätere Anwendung von Interesse ist. Es wird herausgearbeitet, welchen Personengruppen in Zukunft mit dem Analysekonzept eine Orientierungs- und Arbeitshilfe geboten werden soll.

Im Anschluss an diese anfänglichen Überlegungen erfolgt das Eingrenzen der Entscheidungsalternativen. Es werden Randbedingungen herausgearbeitet, welche spätere Alternativen für eine ausreichende Vergleichbarkeit mitbringen müssen.

R. Haas, *Nachhaltigkeit von Produkten zum integralen Innenausbau*, Entwicklung neuer Ansätze zum nachhaltigen Planen und Bauen,
https://doi.org/10.1007/978-3-658-41293-7_4

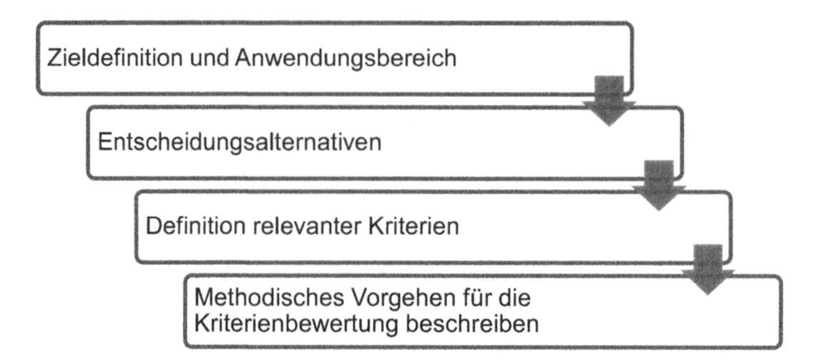

Abb. 4.1 Vorgehen bei der Erstellung eines Analysekonzeptes

Die anschließende Bestimmung, der für den Büroinnenausbau relevanten Nachhaltigkeitskriterien, bildet den Kern des Analysekonzeptes. Es werden bewertungsrelevante Kriterien definiert und beschrieben.

Im letzten Schritt erfolgt für jedes zuvor festgelegte Kriterium die Beschreibung des methodischen Bewertungsvorgehens. Es wird definiert wie unterschiedliche Aspekte zu bewerten sind.

4.2 Ziel und Anwendungsbereich des Analysekonzeptes

Ziel des Analysekonzeptes ist es, für spätere Planungsentscheidungen eine Orientierungshilfe zu bieten. Unterschiedliche konzeptionelle Alternativen sollen unter Berücksichtigung ihrer Nachhaltigkeit gegenübergestellt werden können. Das Analysekonzept ist eine Aufbereitung der zuvor definierten Kriterien und des jeweiligen methodischen Bewertungsvorgehens.

Fauth nimmt in seiner Dissertation eine zeitliche Einordnung des von ihm erstellten Modells vor. Analog hierzu wird das im Rahmen der vorliegenden Arbeit erstellte Analysekonzept, in Bezug auf die Lebenszyklusphasen der Ausbaufläche sowie der Planungsphase, zeitlich eingeordnet [9].

Das in der vorliegenden Arbeit entwickelte Analysekonzept findet sowohl bei Neubauten als auch bei Bestandsgebäuden Anwendung. Dabei beschränkt sich der Anwendungsbereich auf den Ausbau von Büroflächen. Je nach Umfang der Maßnahme kann das Konzept ganzheitlich oder für einzelne Teilbereiche eingesetzt werden. So ist beispielsweise eine ausschließliche Betrachtung des Akustikkonzeptes möglich. Trotzdem bleibt festzuhalten, dass die Erkenntnisse resultierend aus einer ganzheitlichen Nachhaltigkeitsbetrachtung deutlich repräsentativer sind. Im Hinblick auf die Lebenszyklusphase kann das Konzept bei Neubauten in der Herstellungsphase herangezogen werden. Bei

Bestandsgebäuden ist eine Anwendung im Zuge von Veränderungen der Lebenszyklusphase vorgesehen. Beispielsweise können Umbau- und Modernisierungsmaßnahmen im Hinblick auf ihre Nachhaltigkeit betrachtet werden.

Das Analysekonzept ist für die zukünftige Anwendung primär im unternehmensinternen Projektschritt der Planung vorgesehen. Es soll aufgezeigt werden können, mit welchen Alternativen die Nachhaltigkeit der integralen Planung positiv beeinflusst werden kann. Darüber hinaus sollen auch Vertriebsmitarbeiter von dem entwickelten Analysekonzept profitieren. Die im Rahmen der vorliegenden Arbeit durchgeführte Anwendung anhand einer realen Ausbaufläche kann genutzt werden, um dem Kunden exemplarisch verschiedene Alternativen hinsichtlich ihrer Nachhaltigkeit aufzuzeigen.

Infolge einer Übertragung dieser unternehmensinternen Prozesse auf die in der Honorarordnung für Architekten und Ingenieure (HOAI) definierten Leistungsphasen, findet die Anwendung des Analysekonzeptes zu Beginn des Planungsprozesses von baulichen Maßnahmen statt. Das Konzept soll in den Leistungsphasen Grundlagenermittlung oder Vorplanung zur Anwendung kommen. Dies begründet sich darin, dass in den ersten beiden Leistungsphasen das größte Potenzial zur Beeinflussung des folgenden Bauprozesses mit gleichzeitig minimalem Änderungsaufwand vorliegt [, 5, 9]. In Abb. 4.2 ist die Einordnung des Analysekonzeptes in Bezug auf die Leistungsphasen grafisch dargestellt.

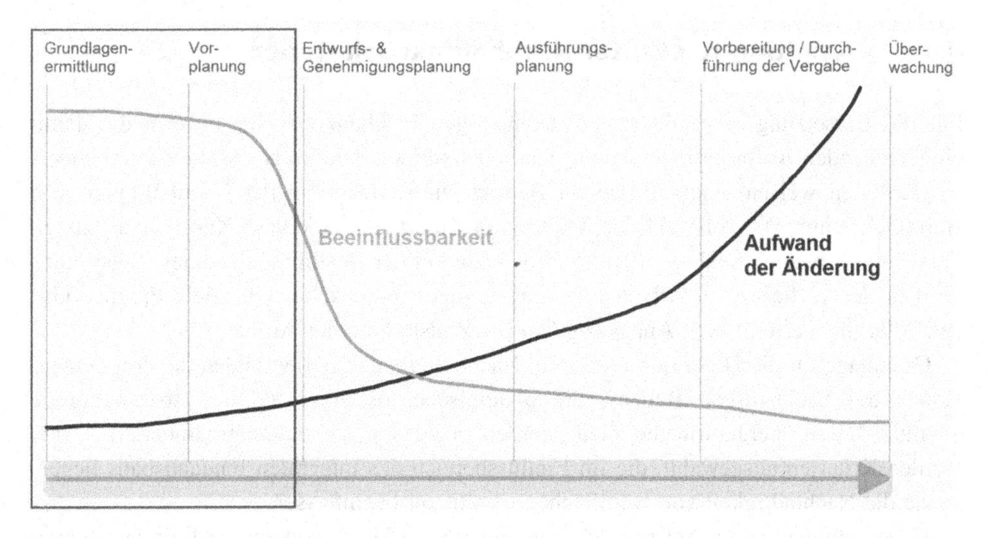

Abb. 4.2 zeitliche Einordnung des Analysekonzeptes anhand der Planungsphasen in Anlehnung an [5, 9]

4.3 Entscheidungsalternativen

Bei dem im Rahmen dieser Bachelorarbeit entwickelten Konzept soll es sich um eine allgemeingültige Orientierungshilfe handeln, welche weitestgehend unabhängig von den Entscheidungsalternativen entwickelt wird. Dennoch gibt es Parameter, die die jeweiligen Alternativen mitbringen müssen, um eine Vergleichbarkeit gewährleisten zu können.

Es soll eine Anwendung auf verschiedene Alternativen ermöglicht werden. Diese können sich in der Produktwahl, aber auch in ihrer Konzeptionierung unterscheiden. Dabei ist es von hoher Relevanz, dass bei den betrachteten Ausbauflächen eine Büronutzung angestrebt wird, da die im Erstellungsprozess festgelegten Kriterien unter Berücksichtigung dieser Annahme definiert werden.

Wichtig ist zudem, dass es sich bei einer gesamten konzeptionellen Gegenüberstellung um die gleichen, beziehungsweise mindestens vergleichbaren, Flächen handelt. Trotzdem müssen sich die Alternativen in ausreichendem Maß unterscheiden, um sinnvolle und aussagekräftige Ergebnisse zu erlangen. In Kap. 5 dieser Bachelorarbeit erfolgt dementsprechend eine Gegenüberstellung identischer Flächen unter dem Aspekt unterschiedlicher Ausbaukonzepte.

Kommt es zur Anwendung des Analysekonzeptes müssen die zur Betrachtung herangezogenen Alternativen genau beschrieben werden, damit die Nachvollziehbarkeit der Ergebnisse gewährleistet wird.

4.4 Definition relevanter Nachhaltigkeitskriterien

Für die Umsetzung eines integralen nachhaltigen Flächenkonzeptes müssen die damit einhergehenden Anforderungen herausgearbeitet werden. Die im Nachfolgenden definierten Kriterien weisen einen relevanten Beitrag zur Betrachtung der Nachhaltigkeit von Büroflächen auf. Die Auswahl der Kriterien orientiert sich an den in Kap. 3 analysierten Forschungsarbeiten. Analog zu *Fauths* Vorgehen bei der Bestimmung seines Zielsystems wird in der vorliegenden Arbeit eine Fragmentierung einzelner Oberziele durchgeführt [9]. Allerdings erfolgt eine Anpassung auf die Zielstellung der Arbeit.

Grundlage für die Definition relevanter Nachhaltigkeitskriterien bilden die drei Dimensionen des nachhaltigen Bauens, die ökologische, ökonomische und soziokulturelle Qualität. Diese übergeordneten Ziele werden in weitere Unterziele fragmentiert. Dabei werden Kriterien ausgewählt, die im Einflussbereich des integralen Innenausbaus liegen, sowie die Nachhaltigkeit von Büroflächen signifikant beeinflussen.

Neben einigen ökologischen und ökonomischen Gesichtspunkten wird ein besonderer Fokus auf die soziale Qualität des Büroausbaus gelegt. Die soziale Qualität steht in direktem Zusammenhang mit dem Wohlbefinden, der Gesundheit und der Zufriedenheit der Nutzenden [5]. Fühlen sich Nutzende, in diesem Fall Arbeitnehmende, an ihrem Arbeitsplatz wohl, fördert dies langfristig ihre Leistungsfähigkeit und Produktivität [15]. Zudem zeigen sich bei Unternehmen, die der Gesundheit ihrer Arbeitnehmenden mehr Aufmerksamkeit zukommen lassen, positive Auswirkungen in Bezug auf die Personalfluktuation, Fehlzeiten, Kundenzufriedenheit, Qualität und Image [15].

Der Artikel „Behaglichkeit – Wechselwirkung bauphysikalischer Einflüsse" zeigt deutlich, dass die Faktoren zur Bestimmung der Gesamtbehaglichkeit in Wechselwirkung zueinanderstehen. Nur wenn alle Faktoren im richtigen Maß berücksichtigt werden, kann eine maximale Gesamtbehaglichkeit erreicht werden [10]. Aus diesem Grund werden im Folgenden unter anderem Kriterien ausgewählt, die einen Zusammenhang mit unterschiedlichen Sinnen des Menschen aufweisen. Der akustische Komfort wird beispielsweise über das Hören beeinflusst, thermischer Komfort wird durch Fühlen wahrgenommen und der visuelle Komfort hängt mit dem Sehen zusammen. Damit wird sichergestellt, dass unterschiedliche Faktoren der menschlichen Wahrnehmung bei der Betrachtung berücksichtigt werden.

Außerdem erfolgt im Rahmen des Analysekonzeptes eine Betrachtung der Flexibilität und Umnutzungsfähigkeit. Dieses Kriterium hat Einfluss auf die ökonomische Qualität eines Ausbaukonzeptes. Im Bereich der ökologischen Qualität erfolgt die Betrachtung des Materialeinsatzes. Weiterer Bestandteil des Analysekonzeptes ist die Rückbau- und Recyclingfreundlichkeit einer konzipierten Bürofläche. Dieses Kriterium beeinflusst sowohl die ökologische als auch die ökonomische Qualität.

Eine Darstellung aller Kriterien, welche Bestandteil des im Rahmen der Bachelorarbeit entwickelten Analysekonzeptes sind, erfolgt in Abb. 4.3.

1. Thermischer Komfort

Dass der thermische Komfort einen hohen Einfluss auf die Behaglichkeit der Nutzenden und demzufolge auch auf die soziokulturelle Qualität der Ausbaufläche hat, zeigen die zuvor ausgewerteten Forschungsarbeiten. Zum einen zeigt *Dworok,* dass die thermische Behaglichkeit nicht als alleinstehend betrachtet werden kann [10]. Eine thermische Unzufriedenheit kann sich darüber hinaus auf andere Behaglichkeitsparameter negativ auswirken. Des Weiteren belegt die von *Dittmar* durchgeführte Befragung die Relevanz des thermischen Komforts. Besonders im Winter wird eine angenehme Raumtemperatur

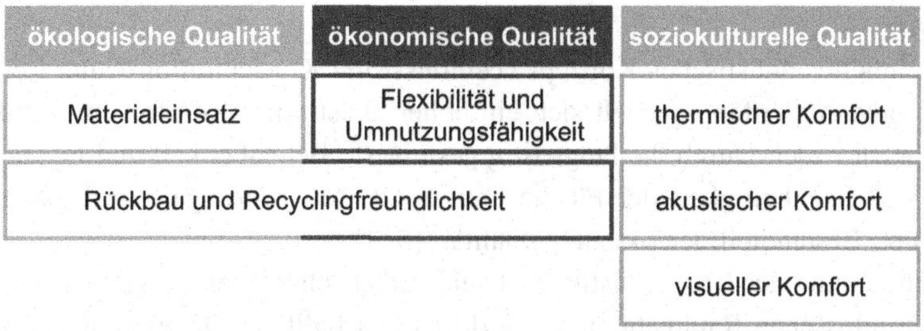

ökologische Qualität	ökonomische Qualität	soziokulturelle Qualität
Materialeinsatz	Flexibilität und Umnutzungsfähigkeit	thermischer Komfort
Rückbau und Recyclingfreundlichkeit		akustischer Komfort
		visueller Komfort

Abb. 4.3 relevante Nachhaltigkeitskriterien sortiert nach Oberzielen

als Grundlegend angesehen [12]. Daraus kann abgeleitet werden, dass eine unzureichende thermische Behaglichkeit das Potenzial hat eine große Unzufriedenheit auszulösen. Die von *Krupper* ermittelten Ergebnisse bestätigen zudem das mit dem thermischen Komfort in Verbindung stehende Potenzial für das Auslösen von Unzufriedenheit [14].

Der thermische Komfort eines Gebäudes ist im Zuge der Nachhaltigkeitsbetrachtung Bestandteil der soziokulturellen Qualität. Dabei ist es wichtig, dass eine thermische Behaglichkeit im Gesamten gewährleistet wird. Genauso ist die Vermeidung von lokalen Unbehaglichkeiten, wie beispielsweise Zugluft, entscheidend. Mithilfe thermischer Behaglichkeit wird das Wohlbefinden und die Leistungsfähigkeit der Nutzenden begünstigt. [5, 16]

Ob ein thermischer Komfort gegeben ist, hängt von unterschiedlichen Faktoren ab. Wichtig ist zum einen die operative Temperatur und die Zugluft. Außerdem nehmen Strahlungstemperaturasymmetrien und die Fußbodentemperatur, sowie die Raumluftfeuchte Einfluss auf die thermische Behaglichkeit. Strahlungstemperaturasymmetrien sind thermische Unbehaglichkeiten, welche durch einen signifikanten Temperaturunterschied von Wand oder Decke zur angrenzenden Raumluft entstehen. Strahlungstemperaturasymmetrien können vor allem infolge des Heizens und Kühlen über Wand oder Decke auftreten. Alle genannten Bestandteile des thermischen Komforts müssen sowohl auf die Heiz-, als auch auf die Kühlperiode, abgestimmt sein. [5, 16]

2. Akustischer Komfort

Dass die akustische Behaglichkeit ein relevantes Kriterium bei der Gesamtbetrachtung einer Bürofläche ist, resultiert aus den von *Dworok* nachgewiesenen Wechselwirkungen zwischen Einflussgrößen bezüglich der Gesamtzufriedenheit [10]. *Dittmar* konnte infolge der geführten Umfrage kein einheitliches Ergebnis für die Nachhallzeit von Einzelbüros aufzeigen [12]. Die Nachhallzeit in Mehrpersonenbüros hingegen wurde mithilfe der KANO-Methode als attraktiv kategorisiert [12]. Folglich birgt eine zufriedenstellende Nachhallzeit das Potenzial die Zufriedenheit der Nutzenden deutlich zu steigern. Auch die von *Krupper* geführte Umfrage kommt zu dem Ergebnis, dass besonders in Bürokonzepten mit mehreren Mitarbeitenden die Raumakustik und der Geräuschpegel in vielen Fällen unzufriedenstellende Merkmale sind [14]. Dies verdeutlicht das vorhandene Potenzial mithilfe des akustischen Komforts die Gesamtzufriedenheit der Nutzenden signifikant zu steigern.

Ein optimiertes akustisches Konzept beeinflusst die Konzentrations- und Leistungsfähigkeit positiv. Außerdem spiegelt sich ein hoher akustischer Komfort im Wohlbefinden der Nutzenden wider. Durch die langfristig gesteigerte Behaglichkeit und Leistungsfähigkeit wird die Nachhaltigkeit der Fläche unterstützt. Anforderungen an die Akustik von Räumen sind Bestandteil der sozialen Qualität. [5, 17]

Bei Betrachtung der Raumakustik auf bauphysikalischer Ebene zeigt sich, resultierend aus der geschlossenen Raumsituation, ein diffuses Schallfeld. Das bedeutet der erzeugte Direktschall und die infolgedessen entstehenden Reflexionen überlagern sich. Ziel einer guten Raumakustik ist das Sicherstellen von Verständlichkeit sowie eine Reduktion des Schalldruckpegels. [18]

Ein Bestandteil des akustischen Komforts ist das Vermeiden von Schallübertragung zwischen Räumen. Die Geräuschübertragung wird mithilfe der Standard-Schallpegeldifferenz angegeben [19]. Die Standard-Schallpegeldifferenz gibt die Luftschalldämmung an [18]. Die Berechnung erfolgt anhand der Differenz zweier Schalldruckpegel von benachbarten Räumen sowie der Nachhallzeit im Empfangsraum [18].

Ein weiterer Aspekt des akustischen Komforts ist eine angenehme Raumakustik im Gesamten. Ein dafür relevanter Parameter ist die Nachhallzeit sowie der damit verbundene Schalldruckpegel. Die Nachhallzeit gibt den Zeitraum an, der für eine Minimierung des Schalldruckpegels um 60 dB nach Ausklingen des Schallsignals benötigt wird. Die Ermittlung erfolgt in Abhängigkeit der Frequenz. Der Schalldruckpegel und die damit verbundene Nachhallzeit können durch die Umsetzung von bauakustischen Maßnahmen, in Form einer Erhöhung der äquivalenten Schallabsorptionsfläche, optimiert werden. [18]

Eine gute Akustik ist abhängig von den spezifischen Faktoren der jeweiligen Rahmenbedingungen. Akustische Maßnahmen sollen, in Abhängigkeit vom Bürokonzept, möglichst optimal gewählt werden. Es ergeben sich beispielsweise unterschiedliche Anforderungen an Einzel- oder Mehrpersonenbüros. Genauso entstehen völlig andere akustische Anforderungen bei abweichenden Raumfunktionen, wie zum Beispiel Besprechungsräumen. [5, 17]

3. Visueller Komfort

In der von *Dworok* durchgeführten Forschung werden ausschließlich die Abhängigkeiten von thermischer und akustischer Behaglichkeit betrachtet [10]. Nichtsdestotrotz kann anhand der von ihm geführten Literaturrecherche darauf geschlossen werden, dass auch der visuelle Komfort Wechselwirkungen mit anderen bauphysikalischen Einflussgrößen aufweist [10]. Die von *Dittmar* geführte Umfrage kommt zu dem Ergebnis, dass eine Tageslichtverfügbarkeit sowie eine Blendfreiheit vorausgesetzt wird [12]. Das Nichtvorhandensein führt demzufolge zu einer deutlich verstärkten Unzufriedenheit bei den Nutzenden. Die von *Krupper* geführte Umfrage bestätigt die bereits erläuterten Ergebnisse. Es herrscht eine generelle Zufriedenheit mit der Tageslichtverfügbarkeit sowie mit der künstlichen Raumbeleuchtung, was darauf schließen lässt, dass die Nutzenden diesen Aspekt als grundlegend gegeben betrachten [14].

Um möglichst effizient und leistungsstark arbeiten zu können, ist ein hohes Maß an visuellem Komfort am Arbeitsplatz unerlässlich [5, 20]. Aus diesem Grund werden in der Arbeitsstättenverordnung (ArbStättV) Anforderungen an die Beleuchtung und Sichtverbindung eines Arbeitsplatzes definiert [21]. Zudem werden Maßnahmen für eine natürliche sowie künstliche Beleuchtung am Arbeitsplatz in den Technischen Regeln für Arbeitsstätten (ASR) konkretisiert [22]. Dort wird beschrieben, dass eine natürliche Beleuchtung einer gänzlich künstlichen Beleuchtung stets vorzuziehen ist. Dafür ist es förderlich Arbeitsplätze fensternah anzuordnen [22]. Das zu Nutze machen von natürlichem

Tageslicht wirkt sich einerseits positiv auf die Psyche und das Wohlbefinden der Nutzenden aus, andererseits birgt es ein großes Energieeinsparpotenzial gegenüber künstlicher Beleuchtung [5].

Durch das Anbringen der Arbeitsplätze in fensternähe besteht jedoch die Gefahr, dass der Nutzende durch einstrahlendes Sonnenlicht geblendet und in seiner Arbeit behindert wird. Um dies zu vermeiden, ist es für einen nachhaltigen visuellen Komfort unerlässlich einen ausreichenden Blendschutz anzubringen. [5, 20]

Auch bei künstlicher Beleuchtung muss ein blendfreies Arbeiten ermöglicht werden. Zudem muss die Lichtverteilung berücksichtigt werden. Die Anforderungen, welche an die künstliche Beleuchtung gestellt werden, sind in DIN EN 12464-1 definiert. Die Kombination eines direkten und indirekten Beleuchtungskonzeptes wirkt sich positiv auf den visuellen Komfort aus. Außerdem schafft das Anbringen von Einzelplatzleuchten eine erhöhte Akzeptanz beim Nutzenden. Um trotzdem ein hohes Flexibilitätsniveau gewährleisten zu können, sollte neben der individuellen Beleuchtung auch eine Grundbeleuchtung konzipiert werden. [20]

4. Flexibilität und Umnutzungsfähigkeit

Die Flexibilität und Umnutzungsfähigkeit von Büroimmobilien stellen eine äußerst relevante Anforderung dar. Im Laufe der Zeit hat das Büro viele Veränderungen durchlaufen. Trends kommen und gehen, Arbeitsstrukturen variieren genauso wie der damit verbundene Flächenbedarf. Deutlich wird dies mit einem Blick auf eine Statistik bezüglich des Büroflächenumsatzes in Deutschland über die Jahre 2011 bis 2021 [23]. Auffällig ist, dass sich die Zahlen stetig verändern und kein eindeutiges Muster erkennbar ist [23]. Eine hohe Flexibilität und Umnutzungsfähigkeit ermöglichen eine Anpassung der Immobilie an aktuelle Gegebenheiten, woraus eine Senkung der Baukosten sowie eine Steigerung des nachhaltigen Mehrwerts resultiert [24].

Flexibilität und Umnutzungsfähigkeit sind bei der Nachhaltigkeitsbetrachtung Bestandteil der ökonomischen Qualität. Mit dem Rohbau wird bereits ein großer Bestandteil der Flexibilität und Umnutzungsfähigkeit festgelegt und für den späteren Verlauf vorgegeben. Beispielsweise spielen die Gebäudegeometrie oder die Anordnung und Vermeidung der tragenden Innenwände eine signifikante Rolle bei Betrachtung der Flexibilität. [5, 25] Diese beiden Faktoren können durch den Innenausbau nur äußerst bedingt beeinflusst werden.

Trotzdem kann durch die Wahl eines flexiblen und umnutzungsfähigen Innenausbaukonzeptes die Nachhaltigkeit eines Büroausbaus gesteigert werden. Die Nachhaltigkeit wird positiv beeinflusst, indem die Fläche mit einer hohen Nutzungsintensität konzipiert wird. Durch ein gut gewähltes Bürokonzept soll ein möglichst großer Teil der Gesamtfläche im Hinblick auf Nutzeranzahl und Nutzungszeiten effektiv genutzt werden. Des Weiteren ist es für die Flexibilität und Umnutzungsfähigkeit förderlich, wenn nicht tragende Trennwände wiederverwendet werden können. Es soll möglich sein, bei sich ändernden Raumsituationen, bereits verbaute Trennwände abbauen und in neuer

Anordnung wiederaufbauen zu können. Auch die Wahl der Anordnung von technischer Gebäudeausrüstung beeinflusst die spätere Flexibilität einer Bürofläche. Es ist beispielsweise wichtig, dass Anschlüsse der Technischen Gebäudeausrüstung (TGA) bei sich ändernden Raumsituationen mit möglichst wenig Aufwand angepasst werden können. Je nach Kühl- beziehungsweise Heizkonzept kann eine Flächenumnutzung mit mehr oder weniger Aufwand erfolgen [5]. Der reduzierte Aufwand für das Umsetzen von Umbaumaßnahmen beeinflusst die Anfallenden Kosten positiv. Auch die Wiederverwendung von Bauteilen kann Kosten für eine Neuanschaffung eliminieren und zu Beginn höhere Anschaffungskosten im Verlauf der Nutzungsdauer relativieren.

5. Materialeinsatz

Der Bausektor ist für einen signifikanten Anteil des wirtschaftlich erzeugten Ressourcenverbrauchs verantwortlich [24]. Die Auswahl von Ressourcen und deren Verbrauch ist Bestandteil der ökologischen Qualität [26]. Durch die bedachte Auswahl und Einsatz von Materialien können Ressourcen eingespart sowie Umweltbelastungen verringert werden [26].

Für eine möglichst nachhaltige Ausrichtung des Materialeinsatzes ist die Auswahl der Materialart entscheidend. Beispielsweise wirkt sich die Verwendung möglichst langlebiger Baumaterialien positiv auf die Nachhaltigkeitsbetrachtung aus [26]. Darüber hinaus fällt die verwendete Menge der Materialkomponenten ins Gewicht. Geringere Materialmengen sorgen für eine Schonung der Ressourcen, einen minimierten Ausstoß von Emissionen bei der Herstellung und die Vermeidung von Abfall. Zudem kann vor dem Hintergrund der verwendeten Materialmenge eine bessere Einordnung der positiven beziehungsweise negativen Auswirkungen auf die Umwelt erfolgen. Neben dieser qualitativen Betrachtungsweise kann der Materialeinsatz auch mithilfe einer ökobilanziellen Betrachtung beurteilt werden. Dabei erfolgt eine quantitative Bestimmung der Umweltwirkungen in Bezug auf die Lebenszyklusphasen eines Systems [27].

6. Rückbau- und Recyclingfreundlichkeit

Ein weiteres relevantes Kriterium für die Nachhaltigkeitsbetrachtung von Büroflächen stellt deren Rückbau- und Recyclingfreundlichkeit dar. Ziel einer guten Rückbau- und Recyclingfähigkeit ist es Baukonstruktionen oder Bauteile mit minimalem Aufwand demontieren und austauschen zu können und dabei möglichst geringe Mengen an Abfall zu produzieren. [26]

Die Umsetzung des Kriteriums wirkt sich positiv auf die ökonomische, aber auch ökologische Qualität der Nachhaltigkeit aus. Aus ökonomischer Sicht verursacht ein unkomplizierter Rückbau weniger Kosten bei der Durchführung von Modernisierungs- und Umbaumaßnahmen [5]. Ist es möglich den Rückbau so zu gestalten, dass Bauteile oder Elemente wiederverwendet werden können oder nur teilweise ausgetauscht werden müssen, spart dies zusätzlich Kosten [5]. Bei Betrachtung der Rückbau- und

Recyclingfreundlichkeit unter ökologischen Gesichtspunkten wird deutlich, dass Ressourcen eingespart werden können. Durch eine gute Rückbaubarkeit kann bei Maßnahmen des Umbaus oder der Erneuerung ein Ersatz einzelner Bestandteile erfolgen, ohne ein gesamtes Bauteil ersetzen zu müssen. In der Umsetzung sollte dafür eine konstruktive Trennung von Bestandteilen mit unterschiedlichen Lebensdauern stattfinden, sodass ein separater Ersatz ermöglicht wird [26]. Darüber hinaus hat eine nachhaltige Abfallverwertung positiven Einfluss auf den ökologischen Aspekt der Nachhaltigkeit.

4.5 Beschreibung des Bewertungsvorgehens

Nachdem in Abschn. 4.4 die für die Betrachtung der Nachhaltigkeit von Büroflächen relevanten Kriterien definiert und erläutert wurden, erfolgt in diesem Kapitel die Beschreibung des Bewertungsvorgehens. Alle Entscheidungskriterien werden separiert betrachtet. Im Zuge dessen wird eine weitergehende Fragmentierung der Kriterien in Teilaspekte vorgenommen. Auf diese Weise werden die Aspekte, welche bei der Anwendung berücksichtigt werden sollen, übersichtlich dargestellt und eine Bewertung erleichtert.

1. Thermischer Komfort

Die Einschätzung des thermischen Komforts erfolgt durch die Betrachtung des gewählten Klimatisierungskonzeptes. Dafür muss zu Beginn eine Dimensionierung der Klimatisierung anhand der vorhandenen Raumbedingungen erfolgen. Einflussgrößen sind beispielsweise die Fensterfläche, Personenanzahl aber auch Abwärme von technischer Ausstattung [28].

Die Dimensionierung einer Heizungsanlage erfolgt mithilfe der Heizlast. Diese gibt an, welche Heizleistung im ungünstigsten Fall benötigt wird, um eine angenehme Raumtemperatur zu erreichen. [28]

Die Ermittlung des Kühlenergiebedarfs erweist sich in der Praxis als äußerst aufwendig und komplex. Für die Auswahl eines Kühlsystems ist eine Vereinfachung ausreichend. Dafür wird die Wärmelast eines Raumes mithilfe tabellierter Werte abgeschätzt. Infolgedessen kann eine Annahme der maximalen Kühllast erfolgen, welche die Grundlage zur Dimensionierung der Kühlanlage bildet. Nichtsdestotrotz ist es zu einem späteren Zeitpunkt sinnvoll eine detailliertere Betrachtung und Dimensionierung durch einen Fachplaner durchführen zu lassen. [28]

Nach Betrachtung der Gegebenheiten und den daraus resultierenden Anforderungen an ein Klimasystem erfolgt die Konzeptauswahl. Im Rahmen des Analysekonzeptes wird das gewählte Klimasystem qualitativ betrachtet und beschrieben. Dabei findet eine Orientierung anhand einzelner Einflussgrößen statt. Für den thermischen Komfort werden im Rahmen dieser Arbeit vier zu betrachtende Teilaspekte festgelegt. Die Bestandteile dienen als methodische Grundlage der qualitativen Beschreibung des Klimakonzeptes. Die Bestandteile des thermischen Komforts sind in Abb. 4.4 aufgelistet.

Abb. 4.4 Bestandteile des thermischen Komforts

thermischer Komfort

operative Temperatur

Strahlungstemperaturasymmetrien

Zugluft

Raumluftfeuchte

Ein Bestandteil des thermischen Komforts ist die operative Temperatur. In der Planungsphase muss festgelegt werden, welche operativen Temperaturen bei späterer Nutzung der Fläche angestrebt werden. Anhand von Produktdatenblättern erfolgt eine Abschätzung, welche Raumtemperaturen klimasystemabhängig realisierbar sind.

Die Technische Regel für Arbeitsstätten (ASR) A3.5 legt minimal und maximal Werte für die operative Temperatur fest. Die minimal zulässigen Temperaturen sind abhängig von Art und Schwere der Arbeit. Bei leichten Tätigkeiten im Sitzen, worunter die Schreibtischarbeit im Büro fällt, sollte die Lufttemperatur einen Wert von 20 °C nicht unterschreiten. Zudem sollte in Arbeitsräumen die maximale Raumtemperatur von 26 °C nicht überschritten werden. Des Weiteren wird in der ASR A3.5 festgelegt, dass eine Erhöhung der Luftfeuchte, als Resultat technischer Maßnahmen zur Reduzierung der Raumtemperatur, bestimmte Kennwerte nicht überschreiten soll. [29]

Die Kühlleistung von Klimageräten steht in Anhängigkeit zu Temperatur und Luftfeuchte. Eine hohe Luftfeuchtigkeit kann zu Tauwasserausfall und einer reduzierten Kühlleistung führen. Durch signifikante Temperaturdifferenzen der Oberfläche des Kühlsystems zur Raumtemperatur kann es, vor allem an heißen Tagen, zu einer Kondensatbildung kommen. Um dies zu vermeiden, müssen die Vorlauftemperaturen heruntergefahren und die Kühlleistung eingeschränkt werden. [28]

Die operative Temperatur kann hinsichtlich des Analysekonzeptes als ausreichend nachhaltig betrachtet werden, wenn die zuvor beschriebenen Grenzwerte eingehalten wurden.

Die ASR 3.6 legt den aktuellen Stand der Technik bezüglich der Lüftung von Arbeitsbereichen fest. Es wird definiert, dass ein Auftreten von unzumutbarer Zugluft zu vermeiden ist. Ob die Zugluft ausreichend gering ist, hängt mit den Parametern Lufttemperatur, Turbulenzgrad sowie Luftgeschwindigkeit zusammen. Der Turbulenzgrad gibt Schwankungen der Luftgeschwindigkeit wieder. Beispielhaft wird aufgeführt, dass bei leichter Arbeit und einer Raumtemperatur von 20 °C, einem Turbulenzgrad von 40 % und einer Luftgeschwindigkeit von 0,15 m/s keine unzumutbare Zugluft entsteht. [30]

Bei Anwendung des Analysekonzeptes erfolgt eine qualitative Beschreibung der zu erwartenden Zugluft in Abhängigkeit des gewählten Klimatisierungskonzeptes. Dabei ist

Tab. 4.1 Maximalwerte relative Luftfeuchtigkeit in Anlehnung an [30]

Lufttemperatur	Luftfeuchtigkeit
+ 20 °C	80 %
+ 22 °C	70 %
+ 24 °C	62 %
+ 26 °C	55 %

eine geringe Zugluft positiv zu beurteilen. Bei sitzenden Bürotätigkeiten sollte eine Luftgeschwindigkeit von 0,2 m/s und eine Turbulenz von 5 % nicht überschritten werden [28].

Ein weiterer Bestandteil des thermischen Komforts ist die Raumluftfeuchte. In der ASR A3.6 wird festgelegt, dass üblicherweise keine Befeuchtung der Luft benötigt wird. Darüber hinaus wird aufgeführt, welche maximale relative Luftfeuchtigkeit in Abhängigkeit der Lufttemperatur zulässig ist. [30] Die Werte sind in Tab. 4.1 zu sehen.

Ziel ist es, das Klimakonzept so zu gestalten, dass die Grenzwerte der Luftfeuchtigkeit eingehalten werden können.

Der Aspekt der Strahlungsasymmetrie entsteht durch signifikante Unterschiede von Luft- und Strahlungstemperaturen. Ist eine Oberfläche im Vergleich zur Lufttemperatur deutlich kälter oder wärmer kann dies die thermische Behaglichkeit signifikant abmindern. [28] Konzepte die Strahlungsasymmetrien vorbeugen werden als nachhaltig eingestuft.

2. Akustischer Komfort

Der akustische Komfort setzt sich im vorliegenden Analysekonzept, wie in Abb. 4.5 zu sehen, aus der Abschätzung der Schallübertragung sowie einer Betrachtung der ganzheitlichen Raumakustik zusammen.

Für den Schallübertrag zwischen geschlossenen Räumen gibt die VDI 2569 Standard-Schallpegeldifferenzen an, die in Abhängigkeit der Schallschutzklasse nicht überschritten werden sollen. Für die mittlere Schallschutzklasse variiert die Empfehlung zwischen 32 und 45 dB, abhängig davon, ob es sich um ein Einzelbüro, ein Mehrpersonenbüro oder ein vertrauliches Büro handelt. [19]

Abb. 4.5 Bestandteile des akustischen Komforts

akustischer Komfort
Schallübertragung
Raumakustik

Im Bereich der Raumakustik gibt die ASR A3.7 zulässige Beurteilungspegel für Büroarbeiten an, in Abhängigkeit der vorhandenen Anforderungen an die Konzentration. Diese liegen bei 55 beziehungsweise 70 dB(A). Dabei muss allerdings berücksichtigt werden, dass der Beurteilungspegel bereits Beaufschlagungen für impulshaltige Geräusche sowie für das mit der Informationshaltigkeit von Geräuschen verbundene Ablenkungspotenzial enthält. Der eigentliche Schalldruckpegel sollte sich je nach Raumart zwischen 35 und 45 dB(A) befinden. Die zulässigen Nachhallzeiten liegen bei Mehrpersonen- und Großraumbüros bei 0,6 s und bei Ein- und Zweipersonenbüros bei 0,8 s. [31]

Im Zuge der Planung und Konzeptentwicklung von nachhaltigen Büroflächen gilt es diese Grenzwerte, oder besser, einzuhalten. Dafür erfolgt der Einsatz von situationsangepassten akustischen Maßnahmen. Im Rahmen des Analysekonzeptes erfolgt eine qualitative Anschauung der akustischen Maßnahmen. Nach Ausführung kann die Einhaltung der Grenzwerte mithilfe von Messungen bestätigt werden.

Ein gutes Konzept bezüglich der Schallübertragung liegt vor, wenn der Übertrag von Direktschall unterbunden wird. Dies gelingt maßgeblich durch die Wahl und Anordnung von akustisch wirksamen Trennwänden. Je nach Hersteller und Art versprechen diese unterschiedliche Schalldruckpegeldifferenzen. Zusätzlich kann sich eine darauf ausgelegte Anordnung von Arbeitsplätzen und Akustikelementen positiv auf eine Reduktion des Schallübertrags auswirken. Sinnvoll sind im offenen Bereich zum Beispiel voneinander abgewandte Arbeitsplätze mit Absorptionsflächen im Bereich des direkten Sprachschalls, wie in Abb. 4.6 zu sehen. Auch die Anbringung von Trennwänden reduziert den störenden Direktschall und steigert den akustischen Komfort erheblich.

Für eine angenehme Gesamtakustik müssen ausreichend absorbierende Flächen angebracht werden, um die Nachhallzeit möglichst gering zu halten. Es muss beachtet werden, dass die Raumausstattung bereits zur absorbierenden Fläche beiträgt. Darüber hinaus kann eine Erhöhung der äquivalenten Schallabsorptionsfläche mithilfe von akustisch wirksamen Absorptionsmodulen erreicht werden. Durch die an die Raumsituation angepasste Positionierung kann die Raumakustik auf ein Maximum verbessert werden. [19]

3. Visueller Komfort

Der gesamtheitliche visuelle Komfort setzt sich aus natürlicher und künstlicher Beleuchtung zusammen. Außerdem nimmt das Vorhandensein eines Blendschutzes positiven Einfluss auf den visuellen Komfort.

Im Einflussbereich des integralen Innenausbaus liegt die Entwicklung eines mit den Raumparametern einhergehenden Beleuchtungskonzeptes unter der Verwendung von künstlichen Beleuchtungsmaßnahmen. In der vorliegenden Arbeit wird die Betrachtung des visuellen Komforts in die Grundbeleuchtung und die Einzelplatzbeleuchtung aufgegliedert. Dargestellt ist dies in Abb. 4.7.

Ob die natürliche Beleuchtung ausreichend ist und an welchen Stellen eine künstliche Beleuchtung ergänzend benötigt wird, lässt sich mithilfe einer Beleuchtungssimulation

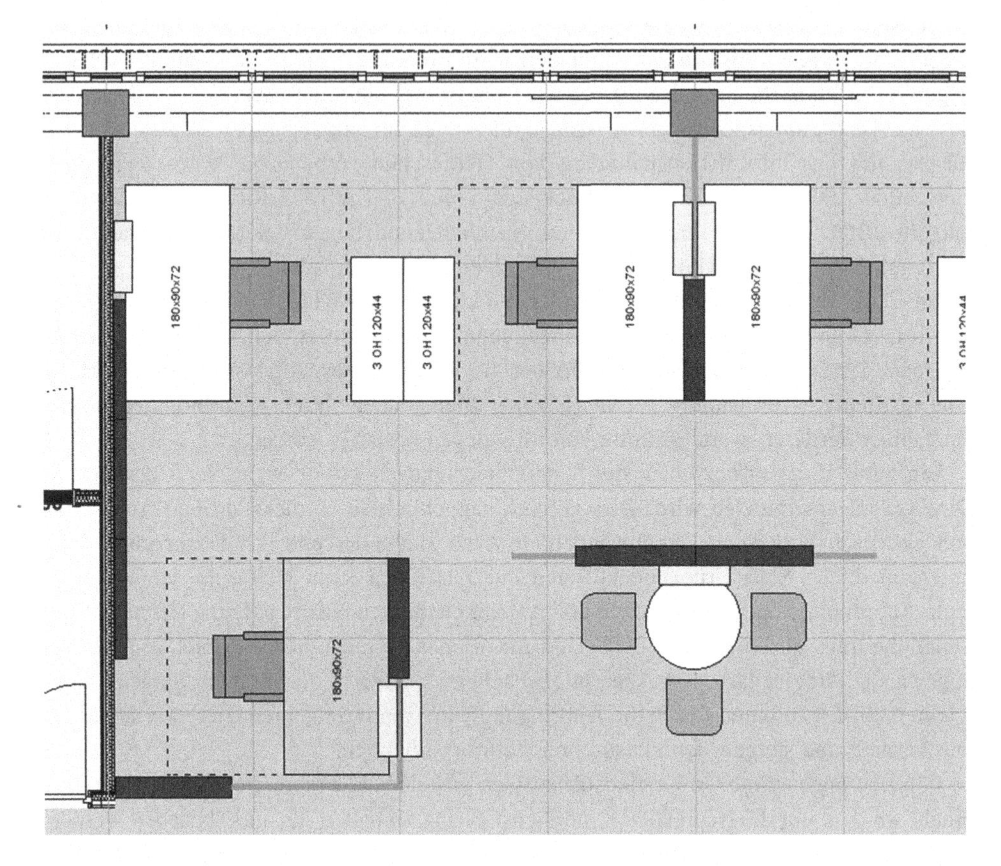

Abb. 4.6 Vermeidung von Schallübertragung im offenen Bereich

Abb. 4.7 Bestandteile des visuellen Komforts

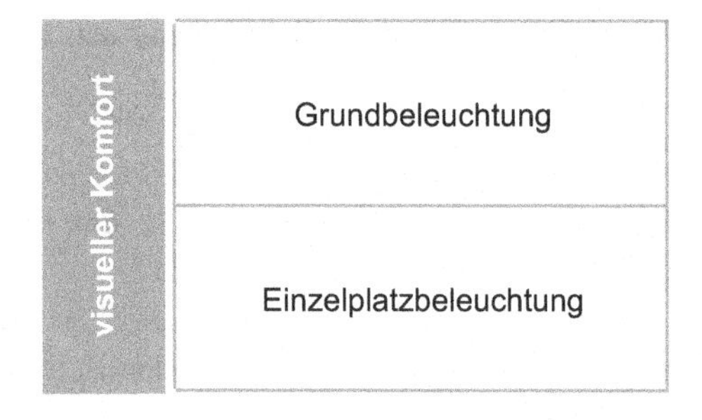

feststellen. Diese zeigt, anhand eingegebener vom Beleuchtungskonzept abhängiger Parameter, an welchen Stellen ausreichend Helligkeit und damit ein angemessener visueller Komfort vorliegt. Mindestwerte für Beleuchtungsstärken werden in der ASR A3.4 festgelegt [22]. Für Büros wird bei den Tätigkeiten Schreiben, Lesen und Datenverarbeitung ein

Mindestwert der Beleuchtungsstärke von 550 lx angegeben [22]. Werden Aufgaben ausgeführt, die für das Sehvermögen anspruchsvoller sind, wie beispielsweise das händische Anfertigen von Zeichnungen, liegt die Mindestbeleuchtung bei 700 lx [22].

Die Betrachtung des Beleuchtungskonzeptes mithilfe des Simulationsverfahrens ist jedoch mit einem hohen Aufwand verbunden. Aus diesem Grund ist es sinnvoll zunächst eine qualitative Abschätzung durchzuführen.

Die Anwendung des erarbeiteten Analysekonzeptes ist zu Beginn im Projektverlauf vorgesehen. Infolgedessen wird die Betrachtung des visuellen Komforts anhand einer qualitativen Beschreibung als ausreichend angesehen. Nach erfolgreicher Entwicklung eines Beleuchtungskonzeptes können die getroffenen Annahmen zu einem späteren Zeitpunkt mithilfe einer Simulation überprüft werden.

Es erfolgt eine separierte Betrachtung der Maßnahmen zur Grundbeleuchtung sowie zur Einzelplatzbeleuchtung. Um die Nachhaltigkeit des visuellen Komforts gewährleisten zu können, müssen die oben aufgeführten Mindestwerte eingehalten werden.

Bei Betrachtung der Grundbeleuchtung wird beurteilt, ob die grundlegende Helligkeit im Raum gewährleistet werden kann.

Auch bei der Einzelplatzbeleuchtung muss überprüft werden, ob eine im Rahmen der Mindestwerte ausreichende Beleuchtung vorliegt. Weitere Aspekte, die bei der qualitativen Beschreibung berücksichtigt werden müssen, sind folgende:

- Vorhandensein einer individuellen Beleuchtung pro Arbeitsplatz,
- Steuerungsmöglichkeiten der Beleuchtung,
- Beleuchtung indirekt, direkt oder kombiniert.

Dabei ist das Vorhandensein einer individuellen Arbeitsplatzbeleuchtung sowie individuelle Steuerungsmöglichkeiten positiv einzustufen. Individuelle Steuerungsmöglichkeiten steigern die Nutzerzufriedenheit und damit auch die soziokulturelle Qualität. Trotz der individuellen Steuerung muss eine ausreichende Grundbeleuchtung gewährleistet werden. Es ist also abzuwägen, ob die Einzelplatzleuchten zur Grundbeleuchtung beitragen und demzufolge ein individuelles Ein- und Ausschalten die Grundbeleuchtung beeinträchtigt.

4. Flexibilität und Umnutzungsfähigkeit

Das Entscheidungskriterium Flexibilität und Umnutzungsfähigkeit setzt sich aus den drei Bestandteilen Flächeneffizienz, flexible Konstruktion, Anordnung der TGA und Kosten zusammen. Eine grafische Darstellung der Bestandteile ist in Abb. 4.8 zu sehen.

Grundsätzlich ist eine Fläche dann besonders effizient, wenn sie von vielen Mitarbeitenden gleichzeitig genutzt werden kann. Liegt der Fokus allerdings auf der Maximierung der Mitarbeiteranzahl in einer Bürofläche, besteht die Gefahr andere Parameter eines nachhaltigen Ausbaukonzeptes aus den Augen zu verlieren. Bei Flächeneffizienz geht es also nicht allein um die Unterbringung von einer maximalen Mitarbeiteranzahl, sondern vielmehr um die sinnvolle Ausnutzung der vorhandenen Fläche unter Berücksichtigung von

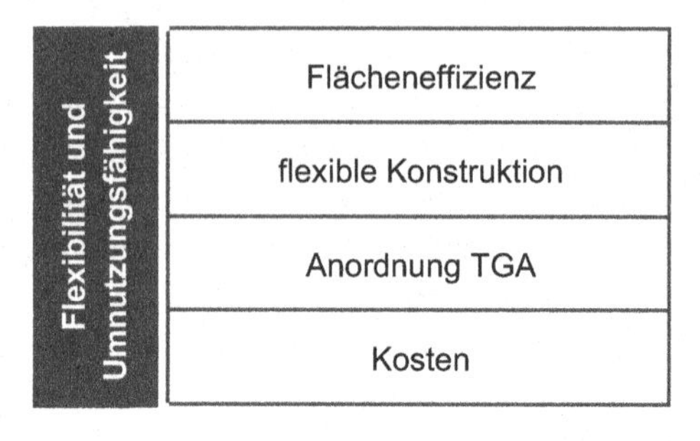

Abb. 4.8 Bestandteile der Flexibilität und Umnutzungsfähigkeit

Arbeitsplatzanforderungen hinsichtlich Sicherheit, Gesundheitsschutz und Behaglichkeit. Außerdem haben die Anforderungen, die ein Unternehmen bezüglich Mitarbeiteranzahl sowie deren Arbeitsplätze stellt, Einfluss darauf, ob ein Flächenkonzept effizient ist. Im Rahmen des Analysekonzeptes wird eine qualitative Betrachtung der Arbeitsplatzanordnung vorgenommen. Dabei wird insbesondere auf die Einhaltung der Technischen Regeln für Arbeitsstätten geachtet. Außerdem wird überprüft, ob die vom Nutzenden oder Kunden gestellten Anforderungen erfüllt sind.

Ein weiterer Bestandteil ist die Flexibilität der eingesetzten Konstruktion. Es erfolgt auch hier eine qualitative Betrachtung des ausgewählten Ausbaukonzeptes. Diese berücksichtigt die Flexibilität von Decken, nichttragenden Wänden und Böden. Folgende Aspekte sollten für die Beurteilung der Flexibilität einer Konstruktion untersucht werden:

- Möglichkeiten die Arbeitsplatzanordnung zu verändern,
- Möglichkeiten mehr oder weniger Arbeitsplätzen zu integrieren und
- Abschätzung des Aufwands für Änderungsmaßnahmen.

Eine hohe Flexibilität der Konstruktion wirkt sich günstig auf die Nachhaltigkeit im Gesamten aus. Aus diesem Grund wird ein breites Spektrum an Änderungsmöglichkeiten, sowie ein damit einhergehender geringer Aufwand bei Anwendung des Analysekonzeptes als positiv bewertet.

Als weiterer Bestandteil nimmt die Anordnung der TGA Einfluss auf die Flexibilität und Umnutzungsfähigkeit. Das TGA-Konzept muss so ausgelegt sein, dass Nutzungsänderungen und Neuanordnungen der Fläche ohne erheblichen Aufwand realisierbar sind.

Durch eine hohe Flächeneffizienz sowie einer flexiblen Konstruktion und TGA ergeben sich des Weiteren positive Einflüsse auf die anfallenden Kosten. Damit dieser Aspekt in der Betrachtung erfasst wird, werden die Kosten der Konstruktion unter Berücksichtigung der Nutzungsdauer analysiert. Zu Beginn müssen die Anschaffungskosten eines oder mehrerer Produkte sowie deren Nutzungsdauer ermittelt werden. Anschließend wird abgeschätzt mit welcher Häufigkeit und in welchen Abständen die Umsetzung von Umbaumaßnahmen erfolgt. Abhängig vom damit verbundenen Aufwand werden die Kosten einer Umbaumaßnahme ermittelt. Abschließend kann der Kostenverlauf während der Nutzungsdauer grafisch dargestellt werden. Besonders aussagekräftige Ergebnisse entstehen infolge einer Gegenüberstellung von zwei oder mehr Alternativen. Geringe Kosten sind im Hinblick auf die Nachhaltigkeit positiv zu bewerten.

5. Materialeinsatz

Die Gegenüberstellung des Materialeinsatzes eignet sich primär für einzelne Bauteile oder Produktalternativen.

Eine vergleichende Gegenüberstellung des Materialeinsatz kann unter drei Gesichtspunkten erfolgen. Zum einen die Art der verwendeten Materialien und deren ökologischen Auswirkungen. Weitere Betrachtungsbestandteile sind die Materialmengen und bei ausreichender Datengrundlage, eine Untersuchung der Umweltwirkungen. Die Bestandteile des Materialeinsatzes sind in Abb. 4.9 dargestellt.

Für eine mengenmäßige Gegenüberstellung werden zu Beginn die Massen der einzelnen Materialien in den jeweiligen Referenzeinheiten ermittelt. Ergänzend dazu werden die Materialmengen in kg Gewicht berechnet. Durch das Angleichen der Einheiten kann dargestellt werden, welches Material welche Menge am Gesamtgewicht eines Bauteils oder einer Konstruktion trägt. Diese Veranschaulichung dient einer ersten Einschätzung, welche Materialien ausschlaggebend für die weitere Betrachtung sind.

Weisen beide Entscheidungsalternativen identische Materialien auf, kann unter Berücksichtigung der ermittelten Mengen in den Referenzeinheiten, eine quantitative Gegenüberstellung erfolgen. In der ersten Bewertungsinstanz ist eine geringere Menge eines bestimmten Materials oder Rohstoffs positiv zu bewerten.

Falls kein Vergleich, sondern die Betrachtung eines einzelnen Konzeptes gewünscht ist oder keine beziehungsweise kaum identische Materialien vorzuweisen sind, muss eine qualitative Betrachtung der zum Einsatz kommenden Materialien stattfinden. Bestandteile der qualitativen Betrachtung können je nach Verfügbarkeit von Informationen folgende sein:

- Herstellungs- und Gewinnungsprozess,
- gesundheitliche Unbedenklichkeit,
- Herkunft und Regionalität sowie
- Nutzungsdauer.

Abb. 4.9 Bestandteile des Materialeinsatzes

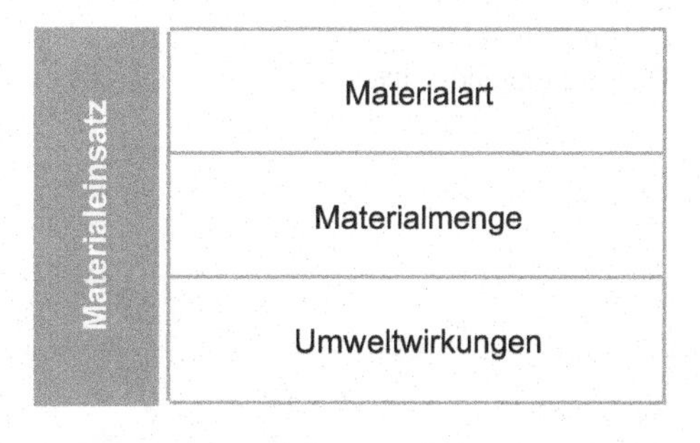

Falls eine ausreichende Datengrundlage vorhanden ist, werden im Anschluss die verwendeten Materialien unter Berücksichtigung der verursachten Umweltwirkungen gegenübergestellt. Die dafür benötigten Daten werden Umweltproduktdeklarationen (engl.: Environmental Product Declaration = EPD) entnommen. Wenn die Möglichkeit besteht, sollte auf die Verwendung von herstellerspezifischen Datensätzen zurückgegriffen werden. [32]

In den überwiegenden Fällen sind EPDs für bestimmt Produkte oder Produktsysteme nicht vorhanden. In diesen Fällen können die EPDs der verbauten Materialien herangezogen werden. In Abhängigkeit der Materialmenge sowie der angegebenen Daten können die Umweltwirkungen eines Produktes abgeschätzt werden.

Vorteilhaft auf die Nachhaltigkeit wirken sich möglichst geringe Umweltauswirkungen aus.

6. Rückbau- und Recyclingfreundlichkeit

Das Kriterium Rückbau- und Recyclingfreundlichkeit setzt sich aus dem Rückbaupotenzial und der Abfallverwertung zusammen. Dargestellt ist dies in Abb. 4.10.

Bei der Betrachtung des Rückbaupotenzials erfolgt eine qualitative Beschreibung der einzelnen Ausbaubestandteile. Im Rahmen des Analysekonzeptes werden folgende Aspekte beleuchtet:

- Aufwand infolge von Rückbaumaßnahmen und
- sortenreine Trennung.

Der Aspekt der Abfallverwertung wird anhand der Abfallhierarchie betrachtet. Dabei handelt es sich um eine, durch das europäische Parlament und den Rat der Europäischen Union festgelegte Priorisierung von Abfallverwertungsmaßnahmen. Die Abfallhierarchie wird wie folgt definiert: [33]

1. Vermeidung
2. Vorbereitung zur Wiederverwendung
3. Recycling

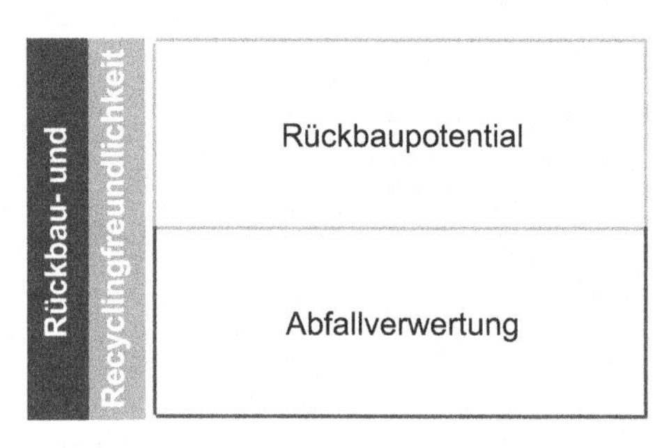

Abb. 4.10 Bestandteile der Rückbau- und Recyclingfreundlichkeit

4. Sonstige Verwertung, z. B. energetische Verwertung
5. Beseitigung

Die Vermeidung von Abfall hat demnach höchste Priorität. Bei einer Betrachtung im Rahmen des Analysekonzeptes wird jedoch von einer Rückbaumaßnahme ausgegangen, wodurch in jedem Fall Abfallprodukte im Sinne der Abfallrichtline anfallen. Demzufolge ist die Wiederverwertung von Bauteilen und Materialien am Besten zu bewerten. Unter Wiederverwertung eines Materials oder Bauteils wird der erneute Einsatz für den ursprünglich gedachten Zweck verstanden [33].

Etwas schlechter, jedoch im Sinne der Nachhaltigkeitsbetrachtung immer noch positiv einzuordnen, ist das Recycling von Materialien und Bauteilen. Unter Recycling fallen Verfahren, die Abfall zum erneuten Einsatz aufbereiten. Ausgeschlossen hiervon sind jedoch Aufbereitungsmaßnahmen, aus welchen Materialien für die Verwendung als Brennstoff oder zur Verfüllung gewonnen werden. [33]

Die Verwendung von Abfällen für die energetische Gewinnung steht an vorletzter Stelle der Abfallhierarchie. Anschließend wird die Beseitigung aufgezählt, worunter die Deponierung sowie das Verbrennen von Abfällen fällt. [33]

Die Verwendung von Abfällen für die energetische Gewinnung ist neutral zu bewerten. Im Zuge des Analysekonzeptes hat die Deponierung und das Verbrennen von Abfällen negative Auswirkungen auf die Gesamtbetrachtung.

Literatur

1. DIN EN ISO 9000:2015: Qualitätsmanagementsysteme. Norm, Ausgabe September 2015.
2. Kühnapfel, J. B. (2014). *Nutzwertanalysen in Marketing und Vertrieb.* Springer Fachmedien Wiesbaden.
3. Kühnapfel, J. B. (2021). *Scoring und Nutzwertanalysen.* Springer Fachmedien Wiesbaden.
4. Bartels, N., Höper, J., Theißen, S., et al. (2022). *Anwendung der BIM-Methode im nachhaltigen Bauen – Status quo von Einsatzmöglichkeiten in der Praxis.* Springer Fachmedien Wiesbaden.
5. Deutsche Gesellschaft für Nachhaltiges Bauen – DGNB e.V.: DGNB SYSTEM – Kriterienkatalog Gebäude Neubau Ausgabe 2018.
6. Bundesministerium des Inneren, für Bau und Heimat: Leitfaden Nachhaltiges Bauen – Zukunftsfähiges Planen, Bauen und Betreiben von Gebäuden Ausgabe Januar 2019.
7. U.S. Green Building Council: LEED v4.1 Building Design and Construction – Getting started giude for beta participants Ausgabe Juli 2022.
8. TÜV SÜD AG: BREEAM: Höchste Standards bei internationaler Vergleichbarkeit, https://www.tuvsud.com/de-de/branchen/real-estate/immobilien/energie-und-nachhaltigkeit-bei-immobilien/breeam. Zugegrifen: 05. Sept. 2022.
9. Rainer Fauth: Entwicklung eines Modells zur Bewertung der Nachhaltigkeit von Bestandsgebäuden. München, Universität der Bundeswehr, Dissertation, 2017.
10. Dworok, P.-M., Mehra, S.-R. (2018). Behaglichkeit – Wechselwirkungen bauphysikalischer Einflüsse. *Bauphysik, 40*(1), 9–18. https://doi.org/10.1002/bapi.201810003.

11. Pellerin, N., Candas, V. (2004). Effects of steady-state noise and temperature conditions on environmental perception and acceptability. *Indoor air, 14*(2), 129–136. https://doi.org/10.1046/j.1600-0668.2003.00221.x.
12. Dittmar, A. (2015). Potenziale einer wirkungsbasierten Wertsynthese bei der soziokulturellen Nachhaltigkeitsbewertung von Büro- und Verwaltungsgebäuden nach DGNB/BNB. Berlin, Technische Universität Berlin, Dissertation.
13. Hölzing, J.A. (2008). *Die Kano-Theorie der Kundenzufriedenheitsmessung – Eine theoretische und empirische Überprüfung, Gabler Edition Wissenschaft.* Gabler.
14. Krupper, D. Immobilienproduktivität: Der Einfluss von Büroimmobilien auf Nutzerzufriedenheit und Produktivität. Eine empirische Studie am Beispiel ausgewählter Bürogebäude der TU Darmstadt Ausgabe 2011.
15. Kommission der Europäischen Gemeinschaften: Mitteilung der Kommission an das Europäische Parlament, den europäischen Wirtschafts- und Sozialausschuss und den Ausschuss der Regionen – Die Arbeitsplatzqualität verbessern und die Arbeitsproduktivität steigern: Gemeinschaftsstrategie für Gesundheit und Sicherheit am Arbeitsplatz 2007–2012 Ausgabe Februar 2007.
16. Bundesministerium des Inneren, für Bau und Heimat: Bewertungssystem Nachhaltiges Bauen (BNB) Büro und Verwaltungsgebäude – Thermischer Komfort Ausgabe 2015.
17. Bundesministerium für Umwelt, Naturschutz Bau und Reaktorsicherheit: Bewertungssystem Nachhaltiges Bauen (BNB) Büro und Verwaltungsgebäude – Akustischer Komfort Ausgabe 2015.
18. Willems, W. M., Schild, K., & Stricker, D. (2020). *Formeln und Tabellen Bauphysik.* Springer Fachmedien Wiesbaden.
19. VDI 2569: Schallschutz und akustische Gestaltung in Büros. Norm, Ausgabe Oktober 2019.
20. Bundesministerium für Umwelt, Naturschutz Bau und Reaktorsicherheit: Bewertungssystem Nachhaltiges Bauen (BNB) Büro und Verwaltungsgebäude – Visueller Komfort Ausgabe 2015.
21. Bundesministerium der Justiz: Verordnung über Arbeitsstätten (Arbeitsstättenverordnung – ArbStättV) – ArbStättV. Bundesministerium der Justiz, 2004.
22. Ausschuss für Arbeitsstätten: Technische Regeln für Arbeitsstätten – Beleuchtung ASR A3.4, 2022 Ausgabe April 2011.
23. Statista Research Department: Büroflächenumsatz in Deutschland nach Städten bis 2021, 2022, https://de.statista.com/statistik/daten/studie/77140/umfrage/bueroflaechenumsatz-in-ausgewaehlten-deutschen-staedte-2009/. Zugegrifen: 20. Juli 2022.
24. Eisele, J., Harzdorf, A., Hüttig, L., et al. (2020). *Multifunktionale Büro- und Geschäftshäuser.* Springer Fachmedien Wiesbaden.
25. Bundesministerium für Umwelt, Naturschutz Bau und Reaktorsicherheit: Bewertungssystem Nachhaltiges Bauen (BNB) Büro und Verwaltungsgebäude – Anpassungsfähigkeit Ausgabe 2015.
26. Friedrichsen, S. (2018). *Nachhaltiges Planen, Bauen und Wohnen – Kriterien für Neubau und Bauen im Bestand.* Springer.
27. DIN EN ISO 14040: Umweltmanagement – Ökobilanz. Norm, Ausgabe Februar 2021.
28. Klein, O., Schlenger, J. (2008). Basics Haustechnik – Raumkonditionierung, Basics, Birkhäuser, Basel.
29. Ausschuss für Arbeitsstätten: Technische Regeln für Arbeitsstätten – Raumtemperatur ASR 3.5, 2022 Ausgabe Juni 2010.
30. Ausschuss für Arbeitsstätten: Technische Regeln für Arbeitsstätten – Lüftung ASR 3.6, 2022 Ausgabe Januar 2012.
31. Ausschuss für Arbeitsstätten: Technische Regeln für Arbeitsstätten – Lärm A3.7 Ausgabe März 2021.

32. Deutsche Gesellschaft für Nachhaltiges Bauen – DGNB e.V.: Leitfaden zum Einsatz der Ökobilanzierung, 2 Ausgabe Februar 2018.
33. Europäisches Parlament; Rat der Europäischen Union: Richtlinie 2008/98/EG des europäischen Parlaments und des Rates vom 19. November 2008 über Abfälle und zur Aufhebung bestimmter Richtlinien. Europäisches Parlament; Rat der Europäischen Union, 2008

5 Exemplarische Anwendung des Analysekonzeptes

5.1 Vorstellung des Projektes

Die exemplarische Anwendung des Analysekonzeptes erfolgt anhand eines aktuellen Projekts der Firma Renz in Hamburg, dem Deutschlandhaus.

Es handelt sich um einen neungeschossigen Neubau, welcher 33.250 m^2 Fläche für die Nutzung als Büro zur Verfügung stellt, sowie darüber hinaus Platz für Gastronomie, Einzelhandel und Wohnen bietet. [1].

Dieses Projekt eignet sich besonders gut für die Anwendung des Analysekonzeptes, da sowohl eine konventionelle als auch eine integrale Planung des Ausbaukonzeptes vorliegen. Für den Vergleich hinsichtlich der Nachhaltigkeit wird ein Planausschnitt der Gesamtfläche herangezogen.

Die konventionelle Planung ist in Abb. 5.1 zu sehen.

Im Zuge der Vermietung aller Büroflächen wurden zusätzlich Planungen im integralen Konzept angefertigt. Insgesamt liegen sieben ausgearbeitete integrale Planungskonzepte vor, die verschiedene Vor- und Nachteile aufweisen.

In der nachfolgend durchgeführten Analyse werden nicht alle sieben Konzepte einbezogen. Es wird sich aufgrund des Umfangs und der Übersichtlichkeit auf die Betrachtung einer integralen Planung beschränkt. Diese ist in Abb. 5.2 dargestellt.

5.2 Analyse eines konventionellen und eines integralen Konzeptes

Im folgenden Abschnitt wird das im Zuge der Arbeit entwickelte Analysekonzept exemplarisch angewendet. Es findet die Betrachtung und Gegenüberstellung einer konventionell

R. Haas, *Nachhaltigkeit von Produkten zum integralen Innenausbau*, Entwicklung neuer Ansätze zum nachhaltigen Planen und Bauen,
https://doi.org/10.1007/978-3-658-41293-7_5

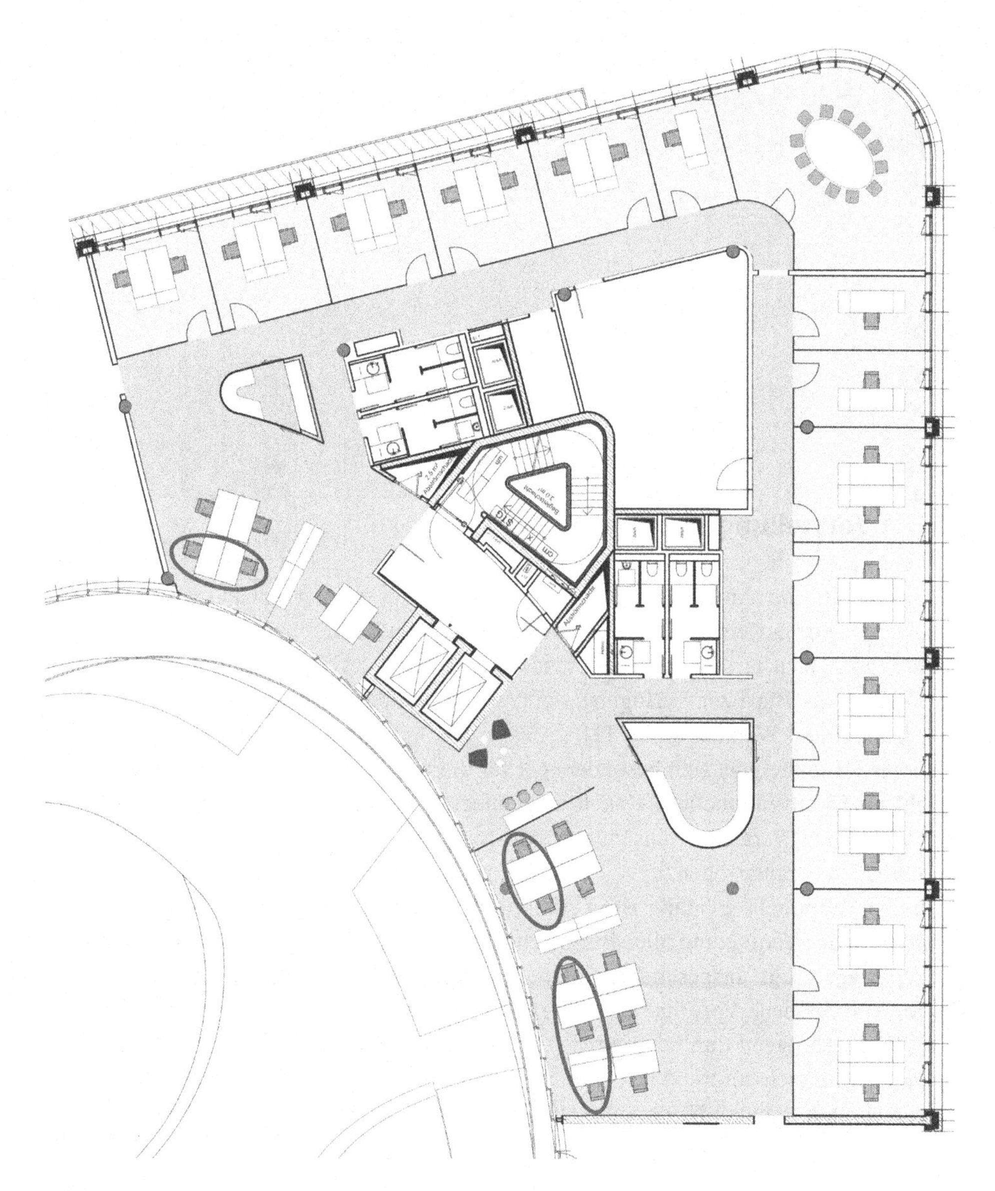

Abb. 5.1 konventionelle Planung

und einer integral konzipierten Fläche statt. Die Analyse erfolgt anhand ausgewählter Nachhaltigkeitskriterien.

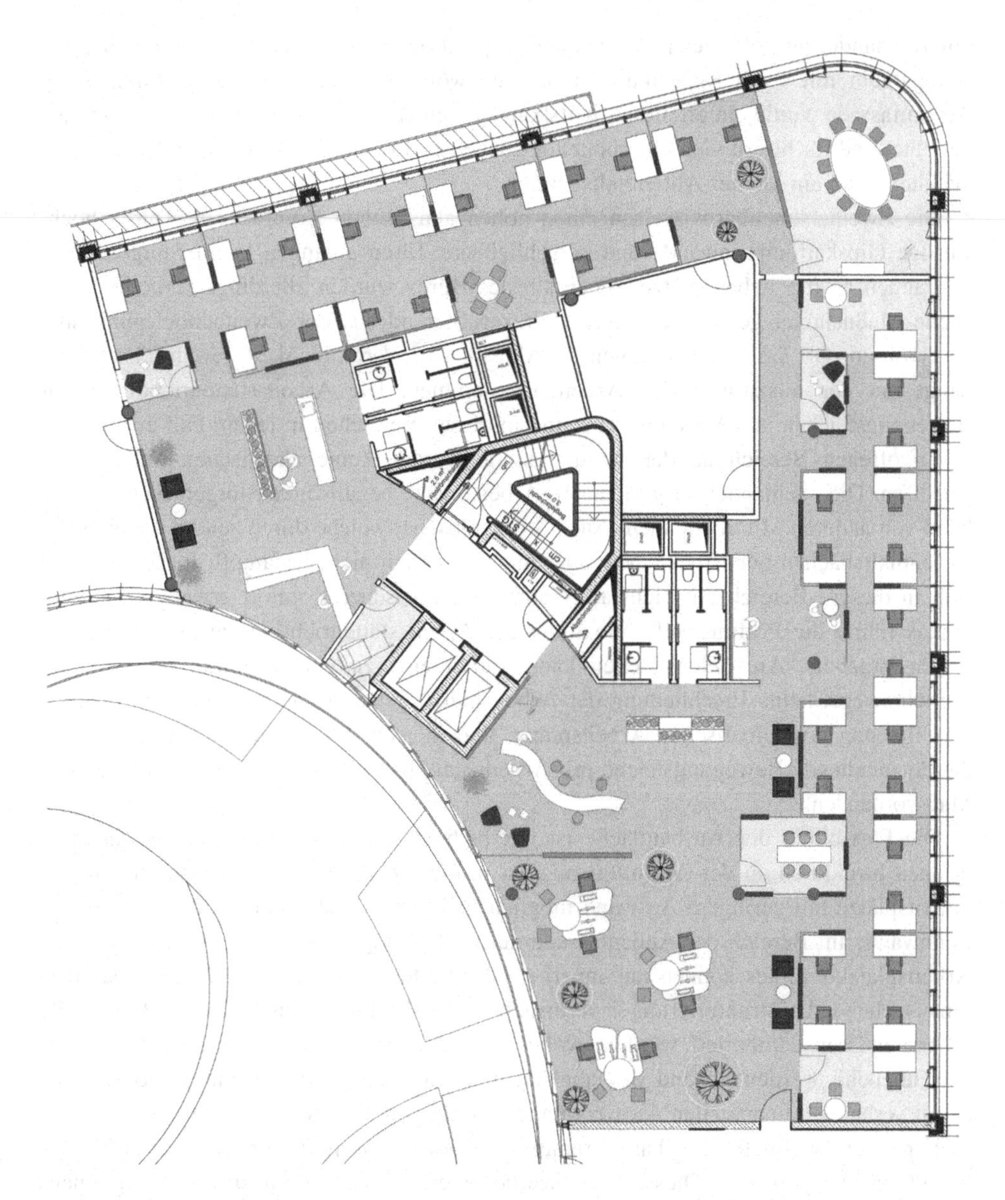

Abb. 5.2 integrale Planung erstellt durch Renz Solutions GmbH

5.2.1 Flexibilität und Umnutzungsfähigkeit

Konventionelles Konzept

Innerhalb der in Abb. 5.1 zu sehenden konventionell geplanten Fläche sind 41 Arbeitsplätze angeordnet. Im Fassadenbereich wurden überwiegend Zweipersonenbüros mit zueinander ausgerichteten Arbeitsplätzen positioniert. Im Eckbereich ist ein Besprechungsraum mit einer Kapazität von bis zu zwölf Personen angeordnet. Entlang der Atriumfassade wurde ein offenes Arbeitskonzept geplant. Die Tische sind zueinander ausgerichtet und für bis zu vier Mitarbeitende ausgelegt. In der Mittelzone befindet sich eine Teeküche und ein kleiner Aufenthaltsbereich.

Die Zweipersonenbüros weisen einen hohen akustischen Komfort auf. Durch hochwertige Gipskartontrennwände und verschließbare Türen gelangen kaum Störgeräusche von außen an die Arbeitsplätze. Innerhalb des Büros wurden allerdings keinerlei akustische Maßnahmen geplant. Störgeräusche resultierend aus der Zweifachbelegung sind zu erwarten. Ob die Anforderungen an Akustik und Vertraulichkeit gewährleistet sind, hängt mit den auszuführenden Arbeiten zusammen. Die Arbeitsstättenrichtlinien für Bewegungsflächen und Verkehrswege sind in diesen Bereichen in jedem Fall erfüllt.

Im offenen Bereich an der Atriumfassade werden keine akustischen Maßnahmen getroffen. Die zueinander ausgerichteten Arbeitsplätze begünstigen Störgeräusche ausgehend von anderen Mitarbeitenden. Auch Störgeräusche, welche durch zentral angebrachte Aufenthaltsflächen oder Teeküchen aufkommen, werden nicht bedämpft. Insgesamt lässt sich in diesem Bereich ein nicht ausreichender akustischer Komfort erwarten. Darüber hinaus führte die Prüfung auf Einhaltung der Arbeitsstättenrichtline zu einem mangelhaften Ergebnis. An vielen Stellen kann, durch eine zu gering gewählte Breite der Verkehrswege, keine Erschließung der Arbeitsplätze gewährleistet werden. Die für eine Erschließung problematischen Arbeitsplätze sind in Abb. 5.1 rot gekennzeichnet. Auch die einzuhaltende Bewegungsfläche pro Arbeitsplatz ist teilweise nicht in ausreichendem Maß vorhanden.

Die Flexibilität der Ausbaufläche ist nur bedingt gewährleistet. Durch die gänzlich offenen Strukturen an der Atriumfassade, ist in diesem Bereich eine Neuanordnung der Arbeitsplätze mit geringem Aufwand möglich. Allerdings gewährleisten die Gipskartontrennwände im Bereich der Außenfassade nur eine geringe Flexibilität. Änderungen des Arbeitsplatzkonzeptes können nur innerhalb der bestehenden Wände erfolgen. Darüberhinausgehende Umstrukturierungen verursachen einen signifikanten Aufwand. Bestehende Wände müssen demontiert werden, wobei eine Wiederverwendung ausgeschlossen ist. Anschließend werden anhand des abgeänderten Konzeptes neue Wände platziert. Die damit verbunden finanziellen Aufwendungen werden im Nachfolgenden untersucht.

Für einen Laufmeter Gipskartontrennwand werden Anschaffungskosten in Höhe von 250,00 € angenommen. Dieser Preis wurde einem Ausschreibungstext des Unternehmens Heinze entnommen [2]. Für das Erstellen einer konventionellen Trennwand, wie sie im vorliegenden Beispiel angenommen wurde, wird dort als mittlerer Preis 83,30 €/m^2 angegeben [2]. Für die anschließenden Malerarbeiten werden infolge eines weiteren Ausschreibungstextes 8,00 €/m^2 angenommen [3]. Insgesamt belaufen sich die Anschaffungskosten für einen Laufmeter der angenommenen Gipskartontrennwand auf 298,00 €.

Eine Umbaumaßnahme beinhaltet den Abriss sowie den Aufbau einer neuen baugleichen Gipskartontrennwand. Als Umbaukosten werden 20 % der Anschaffungskosten angenommen. Für das erneute Aufbauen einer Trennwand werden die Herstellkosten addiert. Die gesamte Nutzungsdauer beläuft sich auf 50 Jahre. Dieser Wert ergibt sich aus der Betrachtung des Materialeinsatzes. Der Verlauf der Umbaukosten über die Nutzungsdauer ist tabellarisch in Anlage 2 dargestellt.

Integrales Konzept

Das nachfolgende Planungsbeispiel in Abb. 5.2 zeigt die Anordnung von 44 Arbeitsplätzen. Die Planungsvariante beabsichtigt viele Arbeitsplätze mit hoher Effektivität anzuordnen, weshalb fast ausschließlich offene Strukturen gewählt wurden. Die Arbeitsplätze an der Außenfassade sind einander zugerichtet, jedoch durch ein Glas-Akustik-Element getrennt. Darüber hinaus gibt es zwei Einzelbüros, welche mit einem kleinen Besprechungstisch ausgestattet sind. Auch bei diesem Konzept wird ein Besprechungsraum mit einer Personenkapazität von zwölf im Eckbereich der Fensterfassade platziert. Weitere Besprechungsmöglichkeiten entstehen durch einen etwas kleineren Raum für bis zu sechs Personen, die beiden Silentrooms sowie einen offenstehenden Besprechungstisch im oberen Bereich der Bürofläche. Neben diesen Arbeitsflächen gibt es noch zwei Aufenthaltszonen für die Mitarbeitenden. Dazu zählen zwei Kaffeeküchen, verschiedene Sitzmöglichkeiten sowie ein kleiner Ruheraum. Insgesamt wird, durch die Verwendung von Glas-Akustik-Elementen, in der Fläche eine hohe Transparenz erzeugt.

Ein großer Vorteil dieser Planungsvariante ist, dass eine hohe Anzahl von Mitarbeitenden Platz finden. Trotzdem müssen weitere Aspekte für die Ermöglichung eines behaglichen Arbeitens berücksichtigt werden.

Um den akustischen Komfort zu gewährleisten, sind die Tische voneinander abgewandt angeordnet oder durch ein Glas-Akustik-Modul getrennt. Der Direktschall, welcher beispielsweise bei einem Telefongespräch entsteht, ist auf ein absorbierendes Akustikelement gerichtet. Dies führt zu einer Schallabsorption und damit auch zu einem geringeren Geräuschpegel in der offenen Bürozone. Die beiden Einzelbüros mit Besprechungstisch bieten ein erhöhtes Maß an akustischem Komfort. Durch die gesteigerte Privatsphäre können diese Büroflächen durch Abteilungsleiter bezogen werden, die Anforderungen an teils vertrauliche Gespräche mitbringen. Das offene Bürokonzept kann trotz akustischer Optimierung nicht die Qualität eines Einzelbüros aufweisen. Für Arbeiten, welche ein hohes Maß an Konzentration verlangen, können diese Arbeitsplätze nur einen bedingt ausreichenden akustischen Komfort bieten. Trotzdem kann eine deutliche Optimierung durch akustisch wirksame Elemente erreicht werden, die für viele Arbeiten im Büro vollkommen ausreichend ist.

Die Arbeitsstättenrichtlinien bezüglich Bewegungsflächen und Verkehrswege sind in vollem Maß erfüllt. Jeder Arbeitsplatz hat eine mindestens 1,00 m tiefe und 1,50 m breite Bewegungsfläche.

Die Flexibilität der Konstruktion ist äußerst groß. Falls sich neue Anforderungen an die Bürofläche ergeben, kann eine entsprechende Anordnung der Trennwände erfolgen. Offene Strukturen können beispielsweise bei Bedarf zu geschlossenen Räumen umgebaut werden.

Die Anordnung der Technischen Gebäudeausrüstung (TGA) kann anhand dieser Fläche nicht betrachtet werden, da keine klimatische Planung als Bestandteil des integralen Konzeptes erfolgt.

Im nachfolgenden werden die anfallenden Kosten über den Lebenszyklus der integralen Trennwand unter Berücksichtigung von Umbaumaßnahmen untersucht. Die Anschaffungskosten eines Laufmeters Glastrennwand betragen laut firmeninterner Kalkulationsunterlagen 490,00 €. Für die Umsetzung einer Umbaumaßnahme erfolgt das Abbauen der Glastrennwand sowie das Aufbauen der gleichen Wand an anderer Stelle. Dabei belaufen sich die Umbaukosten auf 20 % der Anschaffungskosten. Erneute Anschaffungskosten fallen durch das Wiederverwenden der Bauteile nicht an. Die gesamte Nutzungsdauer beläuft sich auf 50 Jahre. Dieser Wert ergibt sich aus der Betrachtung des Materialeinsatzes. Der Verlauf der Umbaukosten über die Nutzungsdauer ist tabellarisch in Anlage 2 dargestellt.

Gegenüberstellung

Erster Aspekt bei Gegenüberstellung der konventionellen und integralen Planungsvariante ist die Anzahl der Arbeitsplätze. Die Anzahl der jeweiligen Arbeitsplatztypen ist in Tab. 5.1 dargestellt.

Beide Ausbaualternativen können eine nahezu gleiche Gesamtanzahl an Arbeitsplätzen aufweisen. Die konventionelle Planung bietet deutlich mehr Doppelbüros. Wohingegen im integralen Konzept, bis auf zwei Einzelbüros, ausschließlich offene Arbeitsplatzstrukturen geplant wurden. Bei Bedarf können durch eine Reduzierung der Individualarbeitsplätze im offenen Bereich zusätzliche Einzelbüros realisiert werden. Darüber hinaus können

Tab. 5.1 Gegenüberstellung Anzahl der Arbeitsplätze

	Konventionelle Planung	Integrale Planung
Einzelbüro	3	2
Doppelbüro	11	-
Offene Strukturen mit Akustikmaßnahmen	-	36
Offene Strukturen	16	6
Besprechungsraum groß	1	1
Besprechungsraum klein	-	2

durch eine geringere Gesamtanzahl von Arbeitsplätzen zusätzliche akustische Maßnahmen ergriffen oder ergänzende Glastrennwände angebracht werden, um mehr Privatsphäre zu schaffen.

Für Besprechungen bieten beide Ausbaukonzepte einen großen Besprechungsraum, in dem bis zu zwölf Personen Platz finden. Darüber hinaus sind bei der integral geplanten Fläche Möglichkeiten für kleinere Besprechungen und Abstimmungen gegeben. Durch das höhere Maß an Vertraulichkeit und Privatsphäre der Doppelzimmer entstehen weniger Anforderungen an Rückzugsflächen für kleinere Meetings. Offene Strukturen hingegen erfordern auch bei kleineren Gesprächen die Möglichkeit einen separaten Raum aufzusuchen. Nur so kann ein störungsfreies Arbeiten der Kollegen und Vertraulichkeit gewährleistet werden.

Im Zuge der vorangegangenen Betrachtung der Flächeneffizienz wurde die Einhaltung der Arbeitsstättenrichtline überprüft. Bei der Planung des integralen Arbeitsflächenkonzeptes ist eine Berücksichtigung der Breiten von Bewegungsflächen und Verkehrswegen erfolgt. Bei der konventionellen Ausbaualternative können die geforderten Grenzwerte jedoch nicht eingehalten werden. Im Aspekt Flächeneffizienz schneidet aus diesem Grund das integrale Konzept deutlich besser ab.

Das konventionell konzipierte Trennwandsystem bringt bei Änderungen der Arbeitsplatzanordnung oder Arbeitsplatzanzahl erheblichen Aufwand mit sich. Auch beim integralen Ausbaukonzept ist ein gewisser Aufwand unvermeidbar. Trotzdem birgt die Konstruktion ein deutlich höheres Maß an Flexibilität. Besonders vorteilhaft ist, dass Wände wiederverwendet werden können. Die Flexibilität der Konstruktion ist beim integralen Ausbau besser zu bewerten als in der konventionellen Variante.

Eine Betrachtung der Flexibilität von Technischer Gebäudeausrüstung findet, aufgrund der nicht erfolgten Planung, im Rahmen der Bachelorarbeit nicht statt.

Um den Verlauf der Umbaukosten pro Laufmeter zu verdeutlichen, wurde dieser in Abb. 5.3 visualisiert. Die Berechnung resultiert aus den Anschaffungskosten und den Umbaukosten. Des Weiteren wurde angenommen, dass alle fünf Jahre die Realisierung einer Umbaumaßnahme erfolgt.

Es ist zu erkennen, dass die Anschaffungskosten für einen Laufmeter Glastrennwand ungefähr 200,00 € höher als für einen Laufmeter Gipskartontrennwand sind. Nach fünf Jahren erfolgt der erste Umbau und die bisherigen Kosten der Gipskartontrennwand sind infolgedessen bereits leicht über den Kosten einer Glastrennwand. Bei der zweiten Umbaumaßnahme nach 10 Jahren liegen die bis dahin anfallenden Kosten der Gipskartontrennwand schon über 300,00 € höher als bei einer Glastrennwand. Mit zunehmender Nutzungsdauer und steigender Anzahl von Umbaumaßnahmen nimmt der Kostenunterschied beider Trennwandsysteme signifikant zu. Für eine bessere Nachvollziehbarkeit der durchgeführten Berechnung sind alle Werte tabellarisch in Anlage 2 aufgeführt.

Es kann zusammengefasst werden, dass die Nachhaltigkeit im Bereich Flexibilität und Umnutzungsfähigkeit mithilfe eines integralen Ausbaukonzeptes positiv beeinflusst

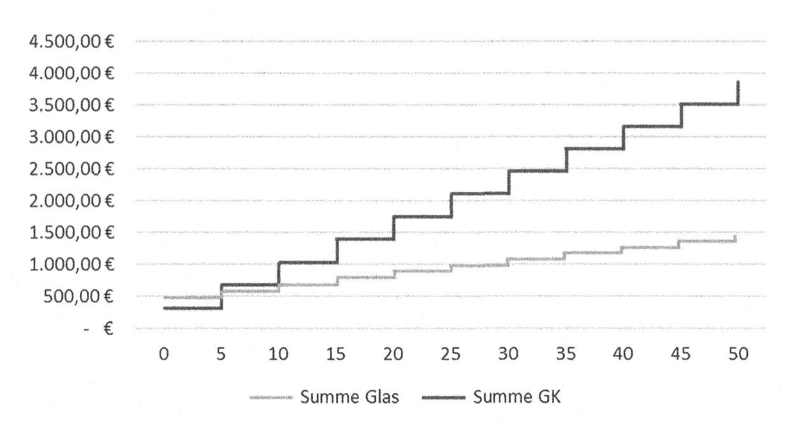

Abb. 5.3 Verlauf der Umbaukosten

werden kann. Die integrale Fläche bietet im Anwendungsbeispiel eine bessere Flächeneffizienz unter Einhaltung der Technischen Regeln für Arbeitsstätten. Zudem kann das integrale Konzept ein höheres Maß an Flexibilität gewährleisten. Schon die Durchführung einer Umbaumaßnahme reicht aus, dass sich die daraus resultierenden Kosten angleichen. Im Verlauf der Nutzungsdauer steigert sich die Wirtschaftlichkeit der integralen Glastrennwand zunehmend.

5.2.2 Materialeinsatz

Im folgenden Abschnitt wird der Materialeinsatz des konventionellen sowie des integralen Ausbaukonzeptes untersucht. Die nichttragenden Trennwände der konventionellen Variante wurden als Gipskartonwände geplant. Das integrale Konzept hingegen berücksichtigt die Verwendung von Glas-Akustik-Trennwänden. Um für einen späteren Vergleich repräsentative Werte zu erhalten, wird im Folgenden ein Laufmeter Glastrennwand des Unternehmens Renz und ein Laufmeter branchenübliche Gipskartonwand betrachtet. Für die Gipskartonwand wird eine zweilagig beplankte Einfachständerwand untersucht. Die angenommene Raumhöhe beträgt drei Meter.

Konventionelles Konzept
Die für den Aufbau eingesetzten Materialien einer zweilagig beplankten Gipskartonwand werden anhand eines herstellerspezifischen Datenblattes [4] ermittelt. Dabei wird eine Gesamtstärke des Wandaufbaus von 100 mm sowie ein Ständerachsabstand von 417 mm festgelegt. Ein Laufmeter Gipskartontrennwand W112 setzt sich aus den in Tab. 5.2 gelisteten Materialien zusammen. Es handelt sich um UW- und CW-Profile, die als Unterkonstruktion dienen. Diese werden von beiden Seiten zweilagig mit Gipskartonplatten beplankt. Im Hohlraum zwischen den Beplankungen wird ein Dämmstoff mit 40 mm

Tab. 5.2 mengenmäßiger Materialeinsatz für einen Laufmeter Gipskartontrennwand

Material	Menge	Gewicht
UW/CW Profil	8 lfm	5,54 kg
Gipskartonplatten (12,5 mm)	12 m^2	102,00 kg
Dämmstoff (40 mm)	3 m^2	1,80 kg
Spachtelmasse	-	-
Putz	-	-
Farbe	-	-

Dicke eingebracht. Um die Trennwand für die Nutzung zu komplettieren, muss diese noch verspachtelt, verputzt und gestrichen werden.

In Abb. 5.4 sind die prozentualen Anteile des jeweiligen Materials am Gesamtgewicht dargestellt. Es fällt auf, dass die Gipskartonplatten den größten Anteil der Gesamtmasse ausmachen.

Die Betrachtung der **CW- und UW-Profile** erfolgt anhand einer für die Anwendung repräsentativen herstellerspezifischen EPD für korrosionsgeschützte Wandprofile [5].

Der vorliegenden EPD ist zu entnehmen, dass für das Modul der Herstellung ein Bedarf an erneuerbarer und nicht erneuerbarer Primärenergie von 28,02 MJ pro kg Profil entsteht. Die Deklaration beschränkt sich auf die Beschaffung von Rohstoffen und Zukaufteilen, die Herstellung und die Nachnutzung der Profile. Zudem wurde das Einbeziehen von Daten der Vorlieferanten in der EPD abgegrenzt. [5].

Aus diesem Grund wird für die Betrachtung der Umweltwirkungen eine weitere Deklaration für die Herstellung eines feuerverzinkten Stahlbands herangezogen. Dieser kann entnommen werden, dass die Herstellung eines Kilogramms Stahlband einen Primärenergiebedarf von 22,32 MJ aufweist. [6].

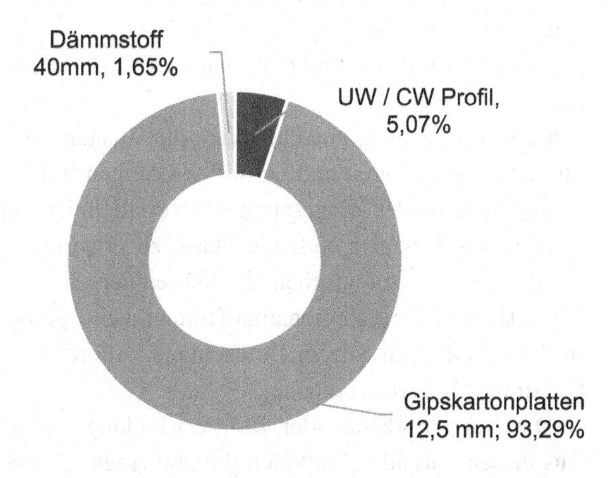

Abb. 5.4 Darstellung der Materialmengen für ein Laufmeter Gipskartontrennwand anteilig der Gesamtmasse

In der EPD für CW- und UW-Profile wird angegeben, dass keinerlei Emissionen an Luft, Wasser und Boden, bekannt sind. Bezüglich der Lebensdauer wird darauf hingewiesen, dass die Nutzungsdauer der Profile von der abschließenden Wandkonstruktion abhängt. Trotzdem wird eine Nutzungsdauer von bis zu 50 Jahren angegeben. [5].

Für die **Beplankung** wird eine Bauplatte ausgewählt. Die dafür benötigten umweltbezogenen Daten können der entsprechenden EPD entnommen werden. [7].

Zur Herstellung der Platten werden Stuckgips, Wasser, Karton, Kernleim und Additive benötigt. Die Herstellungsphase umfasst die Produktion der Vorprodukte, deren Transport zum Werk, das anschließende Mahlen, Brennen und Mischen, sowie die Trocknung, Zuschnitt und Lagerung der Platten. [7].

Während des Herstellungsprozesses, ohne die Rohstoffbereitstellung, kommen für einen m^2 Gipskartonplatte 37,39 MJ erneuerbare und nicht erneuerbare Primärenergie zum Einsatz. [7].

Angaben bezüglich des Gefahrenrisikos für Mensch und Umwelt konnten der EPD nicht entnommen werden. Für Gipskartontrennwände im Innenbereich kann eine Nutzungsdauer von 50 Jahren angesetzt werden [8].

Auch für die Untersuchung des **Dämmstoffs** steht eine entsprechende Umweltproduktdeklaration Verfügung [9].

Die Dämmstoffplatten bestehen aus Glasmineralwolle. Die Rohmaterialien sind recyceltes Glas, Sand, Dolomit und Bindemittel. Im Herstellungsprozess werden die Rohmaterialien geschmolzen, geformt und zugeschnitten. [9].

Der Herstellungsprozess weist einen Primärenergiebedarf von 40,24 MJ pro m^2 und 100 mm Plattenstärke auf. Für die hier verwendeten 40 mm starken Platten entspricht dies einem gesamten Primärenergieeinsatz von 16,10 MJ. [9].

Zu der mit der Nutzung des Produktes einhergehenden Gefährdung von Menschen und Umwelt sind in der EPD keine Angaben enthalten. Die Nutzungsdauer wird mit 50 Jahren deklariert, wobei sie abhängig vom Gesamtsystem ist, in welchem der Dämmstoff eingesetzt wird. [9].

Hinsichtlich der definierten qualitativen Betrachtungsaspekte lässt sich zusammenfassen:

Betrachtet wurden ausschließlich die Ausgangsmaterialien ohne Berücksichtigung von Energieaufwendungen und Umweltwirkungen in Folge der Trennwandproduktion.

Bei keinem der eingesetzten Materialien ist eine Gefährdung von Menschen und Umwelt während der Nutzungsphase zu erwarten. Dies entspricht den Anforderungen, welche mit der ökologischen Qualität einhergehen.

Zu Herkunft und Regionalität konnten keine genauen Daten ermittelt werden. Die Hersteller haben ihren Sitz in Deutschland. Allerdings ist nicht nachvollziehbar, woher die Rohstoffe bezogen werden.

Die Nutzungsdauer aller zur Verwendung kommenden Materialen beträgt 50 Jahre. Aus diesem Grund beläuft sich die Nutzungsdauer des Gesamtsystems auf 50 Jahre.

Tab. 5.3 mengenmäßiger Materialeinsatz für einen Laufmeter Glas-Trennwand

Material	Menge	Gewicht
Aluminiumprofil pulverbeschichtet	2,57 kg	2,57 kg
Glas (12 mm VSG)	2,92 m^2	87,60 kg
Dichtungsgummi	4 lfm	0,08 kg
Acrylatklebeband	2,92 lfm	0,03 kg

Integrales Konzept

Ein Laufmeter Glas-Trennwand setzt sich aus den in Tab. 5.3 aufgeführten Komponenten zusammen. Es handelt sich um ein pulverbeschichtetes Decken- und Bodenprofil aus dem Werkstoff Aluminium. In die Profile werden Scheiben aus Verbundsicherheitsglas (VSG) eingestellt und mithilfe eines Dichtungsgummis fixiert. Die vertikalen Glasstöße werden mit einem transparenten Acrylatklebeband verbunden. Im Standard erfolgt der Aufbau mit der Elementbreite eines Meters. Für Gebäudeanschlüsse und Abschlüsse erfolgt eine passgenaue Fertigung.

Die Mengen der einzelnen Bauteile sind in Tab. 5.3 aufgelistet. Einerseits erfolgt die Mengenangabe in der produkttypischen Referenzeinheit. Darüber hinaus wurde das Gewicht für alle Komponenten ermittelt, um im Nachfolgenden die Relation der einzelnen Elementbestandteile besser darstellen zu können.

In der nachfolgenden Abb. 5.5 sind die prozentualen Anteile der einzelnen Materialien am Gesamtgewicht dargestellt. Es fällt auf, dass die Komponenten Acrylatklebeband und Dichtungsgummi weniger als 0,1 % anteilig der Gesamtmasse ausmachen.

Die Untersuchung des Rohstoffes **Glas** erfolgt anhand einer herstellerspezifischen EPD erstellt durch das ift Rosenheim [10].

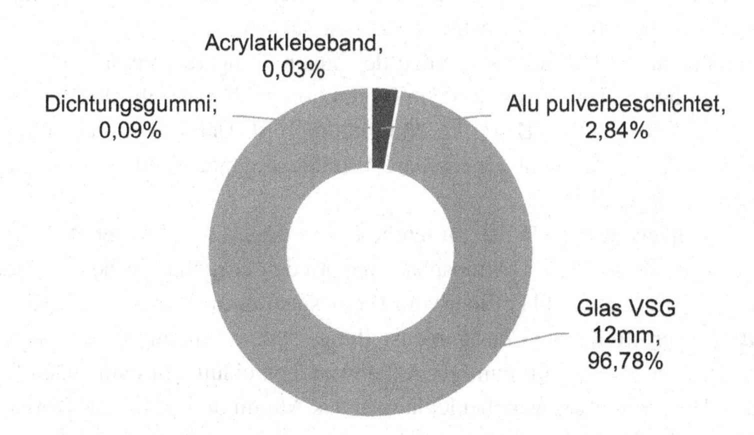

Abb. 5.5 Darstellung der Materialmengen für einen Laufmeter Glas-Trennwand anteilig der Gesamtmasse

Die Rohstoffe der Glasgewinnung sind Sand, Soda, Dolomit, Kalk und Sulfat. Bei der Glasherstellung werden die genannten Rohstoffe als Gemenge in einem Schmelzofen geschmolzen. Dafür sind Temperaturen von ungefähr 1560°C Voraussetzung. Anschließend wird die Glasmasse auf Verarbeitungstemperatur abgekühlt, in Form gegeben und zugeschnitten. [10].

Innerhalb der Herstellungsphase von einem m^2 Verbundsicherheitsglas pro mm Dicke fällt ein Gesamtbedarf von 171,94 MJ Primärenergie aus erneuerbaren und nicht erneuerbaren Quellen an. Dabei ist auffällig, dass der größte Bestandteil hiervon aus dem Einsatz von nicht erneuerbaren Primärenergieträgern resultiert. Ohne Berücksichtigung der stofflichen Energienutzung beläuft sich dieser Anteil auf 139,77 MJ. Dieser Wert lässt sich auf die im Herstellungsprozess benötigten hohen Temperaturen zurückführen. [10].

Der Hersteller des Glases gibt an, dass im Nutzungsstadium keine Emissionen in Wasser und Boden abgegeben werden. Genauso werden die Grenzwerte bezüglich der Innenraumluft eingehalten. Außerdem gibt der Hersteller eine Nutzungsdauer von 30 Jahren an. [10].

Im Falle einer sortenreinen Trennung von anderen Materialien können die Gläser dem Herstellungsprozess wieder zugeführt werden. [10].

Eine Umweltproduktdeklaration für die von dem Unternehmen Renz verwendeten Aluminiumprofile liegt nicht vor. Aus diesem Grund wurde eine vom Gesamtverband der Aluminiumindustrie e. V. in Kooperation mit dem Institut Bauen und Umwelt e. V. veröffentlichte EPD für pulverbeschichtete **Aluminiumprofile** herangezogen [11].

Die Herstellung der Aluminiumprofile beginnt mit der Erhitzung eines Aluminiumbolzens auf Temperaturen von 460 °C bis 530 °C. Anschließend wird das heiße Material mithilfe eines eigens dafür entwickelten Werkzeugs in die vorgesehene geometrische Form gepresst und daraufhin abgekühlt. Außerdem werden die Profile gereckt, um eine Begradigung zu erreichen. Nach dem Ablängen auf 6 m werden die Profile bei Temperaturen zwischen 145 °C und 210 °C für mehrere Stunden ausgehärtet. [11].

Die energieintensive Herstellung infolge der hohen Temperaturen spiegelt sich in der EPD wider. Für die Deklarationsmodule im Produktionsstadium ergibt sich ein Gesamtprimärenergiebedarf von 151,1 MJ pro kg Aluminiumprofil. Dabei wird der größte Anteil, insgesamt 108 MJ, durch nicht erneuerbare Primärenergieträger ohne deren stofflicher Nutzung verursacht. [12].

Aus der vorliegenden EPD ist zu entnehmen, dass während der Nutzung keine Gefährdungen für Wasser, Luft, Atmosphäre und Boden entstehen. Eine Deklaration der Nutzungsdauer erfolgt nicht. [11] Einer vom Bundesinstitut für Bau-, Stadt- und Raumforschung (BBSR) veröffentlichten Zusammenstellung, ist eine Nutzungsdauer von 50 Jahren für die Verwendung von Aluminium als Außenwandbekleidung zu entnehmen [8]. Auch die Nutzungsdauer von Innenwandbekleidungen aus Aluminium ist mit 50 Jahren angegeben [8]. Aus diesen Angaben wird geschlussfolgert, dass das hier zum Einsatz kommende Profil eine Nutzungsdauer von 50 Jahren hat.

Für den zum Einsatz kommenden **Dichtungsgummi** steht keine Umweltproduktdeklaration zur Verfügung. Allerdings liegen Datenblätter des Lieferanten und eine Unbedenklichkeitserklärung vor.

Die Dichtungsgummis bestehen aus einem thermoplastischen Elastomer, das unter der Abkürzung TPE-S bekannt ist. Der Hersteller gibt an, dass keinerlei Gesundheitsrisiken oder Gefährdungen für die Umwelt von seinen Produkten ausgehen. Es sind außerdem keine als gefährlich klassifizierten Chemikalien enthalten. [13].

Für das in der Glastrennwand verwendete **Acrylatklebeband** liegt keine EPD vor. Informationen können ausschließlich einem Datenblatt des Herstellers sowie deren Website entnommen werden. Es lassen sich jedoch keine Informationen bezüglich der Risiken ausgehend vom Produkt für Umwelt und Gesundheit finden.

Hinsichtlich der definierten qualitativen Betrachtungsaspekte lässt sich zusammenfassen:

Der Herstellungsprozess der verwendeten Rohstoffe ist mit einer hohen Energieintensität verbunden, was sich negativ auf die ökologische Qualität auswirkt. Außerdem muss erwähnt werden, dass es sich dabei ausschließlich um die Herstellung der Ausgangsmaterialien handelt. Energieaufwendungen und Umweltwirkungen in Folge der Trennwandproduktion sind nicht berücksichtigt.

Bei keinem der eingesetzten Materialien ist eine Gefährdung von Menschen und Umwelt während der Nutzungsphase zu erwarten. Dies entspricht den Anforderungen, welche mit der ökologischen Qualität einhergehen.

Zu Herkunft und Regionalität konnten keine genauen Daten ermittelt werden. Die Hersteller haben ihren Sitz in Deutschland. Allerdings ist nicht nachvollziehbar, woher die Rohstoffe bezogen werden.

Die Nutzungsdauer eines Produktsystems orientiert sich an dem Material mit der geringsten Nutzungsdauer. [14] Das Material Glas hat die kürzeste Nutzungsdauer vorzuweisen. Dementsprechend beläuft sich die Nutzungsdauer der nichttragenden Glastrennwand entsprechend der vorliegenden EPDs auf 30 Jahre.

Gegenüberstellung

Grundlage für eine Gegenüberstellung ist unter anderem die Nutzungsdauer der Bauteile. Bei Betrachtung beider Systeme zeigt sich für die eingebaute Gipskartontrennwand eine längere Nutzungsdauer als für die Glastrennwand. Die vergleichsweise kurze Nutzungsdauer der Glastrennwand resultiert aus der vom Glashersteller gegebenen Angabe in der EPD. Der Lieferant bezieht sich dabei auf die vom BBSR veröffentlichten Nutzungsdauern von Bauteilen. Als Bestandteil der Kostengruppe 334 Außentüren und -fenster wird die Nutzungsdauer einer Verglasung mit 30 Jahren angegeben [8]. Die Verwendung der Glasscheibe als Bauteil der Glas-Akustik-Trennwand erfolgt jedoch ausschließlich im Innenbereich. Infolgedessen ist das Produkt keinerlei Witterungseinflüssen ausgesetzt. Es ist fraglich, ob die gewählte Nutzungsdauer des Glasherstellers tatsächlich repräsentativ für die Verwendung als Komponente einer nichttragenden innenliegenden Trennwand ist.

Aufgrund der sehr geringen externen Einflüsse und unternehmensinternen Erfahrungswerten wird in der vorliegenden Bachelorarbeit eine realistische Nutzungsdauer von 50 Jahren für die Glas-Akustik-Trennwand festgelegt.

Obwohl beide Ausbaukonzepte die gleiche Nutzungsdauer aufweisen, muss berücksichtigt werden, dass Änderungsmaßnahmen häufig einen früheren Austausch erfordern. Eine Nutzungsdauer von 50 Jahren für eine Bürotrennwand ist aufgrund des stetigen Wandels nicht realistisch. Die Gipskartontrennwand wird in Folge der Umsetzung von Umbaumaßnahmen vollständig rückgebaut und kann nicht wiederverwendet werden. Dies hat in vielen Fällen eine deutliche Verkürzung der tatsächlichen Nutzungsdauer zur Folge, was sich negativ auf die Betrachtung der Gesamtnachhaltigkeit auswirkt. Bei jedem Austausch werden neue Rohstoffe benötigt und zusätzliche Umweltwirkungen verursacht. Das integrale Ausbaukonzept hingegen ermöglicht eine Wiederverwendung der Glastrennwände. Das Demontieren und erneute Montieren ist, abhängig vom Projekt, unbegrenzt möglich.

Auf Grundlage der Nutzungsdauern erfolgt nachfolgend eine Gegenüberstellung ausgewählter Umweltwirkungen. Dabei wird ausschließlich das Modul der Herstellungsphase A1 bis A3 betrachtet, da dieses in allen vorliegenden EPDs deklariert wurde. Für eine bessere Nachvollziehbarkeit sind in Anlage 3 die entsprechenden Ausgangsgrößen tabellarisch dargestellt. Es erfolgt für beide Trennwandsystemvarianten eine ausschließliche Betrachtung der Ausgangsmaterialien. Montagematerialien wie beispielsweise Schrauben werden vernachlässigt. Zudem liegen nicht für alle benötigten Materialien EPDs vor. Aus diesem Grund ist eine Berücksichtigung mancher Ausgangsmaterialien nicht möglich.

Die Unterschiede im Primärenergiebedarf wurden bereits textlich erläutert. Eine graphische Darstellung des Primärenergiebedarfs entstehend durch die benötigten Materialien für ein Laufmeter Gipskartontrennwand ist in Abb. 5.6 zu sehen. Der gesamte Primärenergiebedarf beläuft sich auf 781 MJ.

Dem gegenüber steht der Primärenergiebedarf eines Laufmeters Glastrennwand. Dies wurde in Abb. 5.7 visualisiert. Der Gesamteinsatz von Primärenergie beläuft sich auf 6425 MJ.

Stellt man den Gesamtenergiebedarf der Varianten gegenüber, zeigt sich ein signifikant höherer Wert für den Materialeinsatz eines Laufmeters Glastrennwand. Der hohe Primärenergiebedarf wird durch die energieintensive Herstellung des Glaselementes verursacht.

Ähnlich verhält es sich bei Betrachtung des Treibhausgaspotenzials. Eine Darstellung des Treibhausgases, verursacht durch die Materialien einer Gipskartonwand, erfolgt in Abb. 5.8. Insgesamt verursachen die Materialien ein CO_2-Äquivalent von 42 kg.

In Abb. 5.9 ist das mit den Materialien eines Laufmeters Glastrennwand einhergehende Treibhausgaspotenzial dargestellt. Insgesamt werden 300 kg CO_2-Äquivalent verursacht.

Auch hier zeigt die Gegenüberstellung ein deutlich höheres CO_2-Äquivalent resultierend aus dem Materialeinsatz der Glastrennwand.

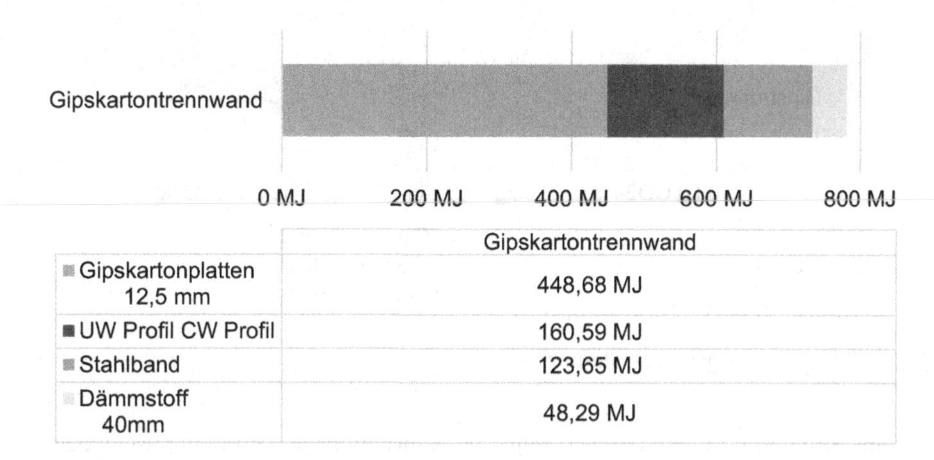

Abb. 5.6 Primärenergiebedarf Gipskartonwand

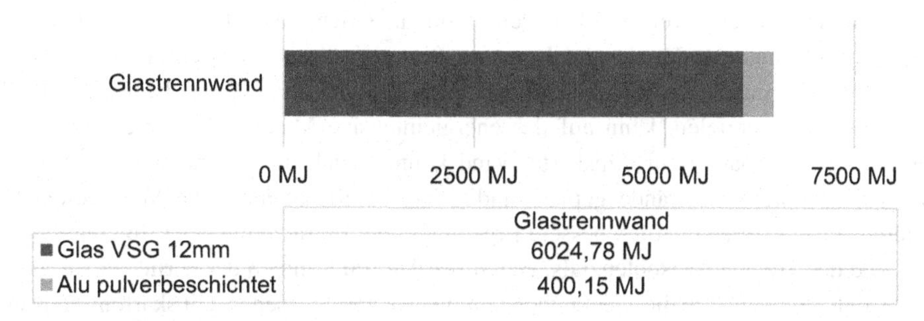

Abb. 5.7 Primärenergiebedarf Glastrennwand

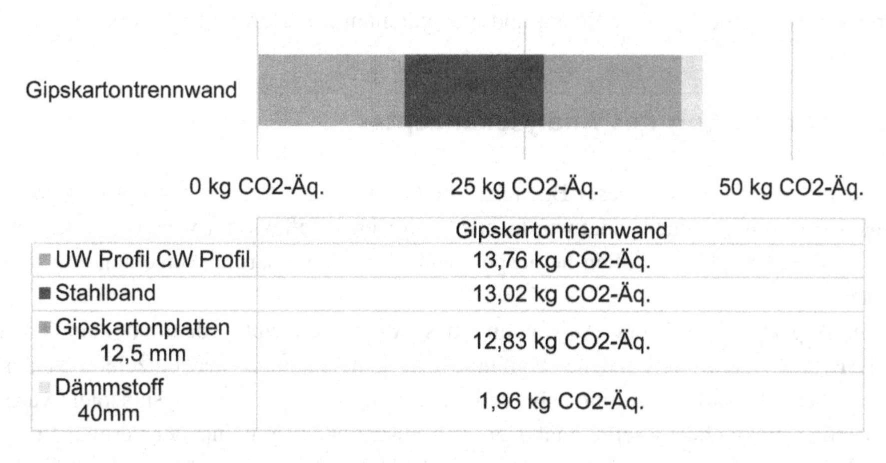

Abb. 5.8 Treibhausgaspotenzial Gipskartonwand

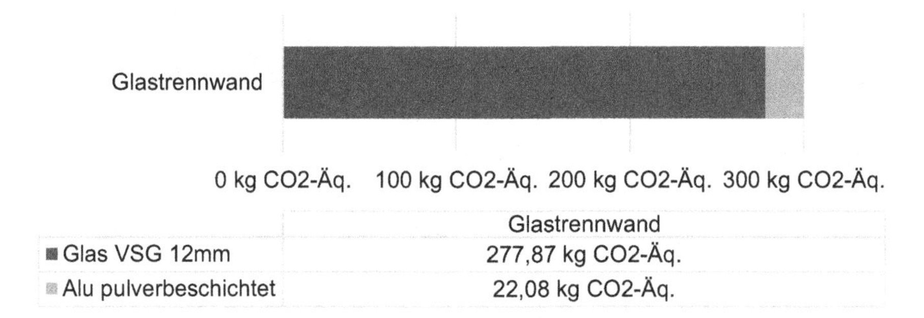

Abb. 5.9 Treibhausgaspotenzial Glastrennwand

Beim Kriterium Materialeinsatz zeigt die konventionelle Gipskartonwand deutlich bessere Werte und ist dementsprechend besser zu bewerten.

Zudem muss hervorgehoben werden, dass es sich um zwei unterschiedliche Trennwandsysteme handelt, welche über den ökobilanziellen Aspekt hinaus weitere entscheidungsrelevante Merkmale und Eigenschaften aufweisen. Glastrennwände erzeugen beispielsweise eine hohe Offenheit und Transparenz in der Fläche. Ist es erwünscht diesen Effekt zu erzielen, kann auf das energieintensive Material Glas nicht verzichtet werden. Als Alternative zur Gipskartonwand können auch im integralen Büroinnenausbau geschlossene Trennwände geplant und gebaut werden. Durch die Vermeidung des Materials Glas würden deutlich bessere Ergebnisse, bei Betrachtung des Primärenergiebedarfs und des Treibhausgaspotenzials, erzielt werden. Im Rahmen der vorliegenden Arbeit wurde sich trotzdem für die Gegenüberstellung der geschlossenen Gipskartontrennwand und der transparenten Glastrennwand entschieden. Dies ist darin begründet, dass nach Auffassung des Unternehmens Renz die Realisierung einer modernen und attraktiven Bürofläche nur mithilfe von offenen und transparenten Strukturen möglich ist.

5.3 Anpassung des Analysekonzeptes

Nachdem das im Rahmen dieser Bachelorarbeit entwickelte Analysekonzept im vorangegangenen Abschnitt angewendet wurde, erfolgt nun eine Reflexion. Eventuelle Schwächen oder Unvollständigkeiten sollen herausgearbeitet und Verbesserungsvorschläge diskutiert werden.

Ein Aspekt, der bei der Anwendung des Analysekonzeptes deutlich zum Tragen kam, ist der damit verbundene Umfang. Die Untersuchung der einzelnen Aspekte erwies sich als äußerst zeitintensiv und aufwendig. Im Anwendungsbeispiel wurden zwei unterschiedliche Systeme analysiert und anschließend miteinander verglichen, was den Arbeitsaufwand zusätzlich erhöhte. Nichtsdestotrotz ist die Untersuchung eines

Nachhaltigkeitskriteriums für eine einzige Ausbaufläche ebenso mit erheblichem Aufwand verbunden. Die nachhaltigkeitsrelevanten Daten müssen gesammelt, dargelegt und anschließend ausgewertet werden.

Eine Verringerung des Arbeitsaufwandes könnte durch eine weitere Minimierung der ausgewählten Betrachtungskriterien geschehen. Dies würde jedoch die Qualität der Ergebnisse erheblich einschränken, da infolgedessen eine umfangreiche Analyse unterschiedlicher Nachhaltigkeitsdimensionen nicht mehr gewährleistet wird. Der Umfang des Analysekonzeptes sollte demnach nicht eingeschränkt werden.

Bei erneuter Anwendung des Analysekonzeptes kann auf die im Zuge der Bachelorarbeit ermittelten Daten zurückgegriffen werden. Beispielsweise würde das zeitintensive Erfassen von umweltbezogenen Daten aus den jeweiligen EPDs deutlich im Arbeitsumfang minimiert. Auch die Anmerkungen bezüglich der Flexibilität und Umnutzungsfähigkeit können, aufgrund konzeptioneller Regelmäßigkeiten beim integralen Ausbau, in anderen Projekten Anwendung finden.

Für viele Nachhaltigkeitsaspekte erfolgt eine qualitative Betrachtung. Dies erschwert das Herausarbeiten klarer Ergebnisse unter Berücksichtigung aller Einflussgrößen. Abhilfe könnte eine Quantifizierung der Betrachtungsaspekte schaffen. Dies ist jedoch mit einem erheblichen Mehraufwand beim Herausarbeiten des Bewertungsvorgehens verbunden. Zudem braucht es neben konkreten Bewertungsmaßstäben für alle Kriterien auch ein Gewichtungssystem der einzelnen Betrachtungsaspekte bezüglich der Gesamtnachhaltigkeit. Die Idee das Analysekonzept zu einem umfassenden Bewertungssystem weiterzuentwickeln, wird im Abschn. 6.3 „Ausblick" nochmals aufgegriffen und erste Ansätze dargelegt. Für das im Rahmen der Bachelorarbeit gestellte Ziel ist ein Analysekonzept mit überwiegend qualitativer Betrachtung ausreichend.

Durch die Untersuchung einer begrenzten Anzahl ausgewählter Nachhaltigkeitskriterien zeigen sich Schwierigkeiten bei der jeweils differenzierten Betrachtung. Insbesondere infolge der Analyse von Flexibilität und Umnutzungsfähigkeit wird deutlich, dass in vielen Fällen ein Kriterium nicht für sich allein bewertet werden kann. Aus diesem Grund wurde in der vorliegenden Arbeit der Aspekt des akustischen Komforts ausschließlich in seinen Grundzügen betrachtet. Dabei erfolgt keine ausführliche Untersuchung, sondern eine kurze Erläuterung im Rahmen der Betrachtung von Flexibilität und Umnutzungsfähigkeit.

Aus der gewonnenen Erkenntnis lässt sich schlussfolgern, dass eine ganzheitliche Betrachtung aller definierten Kriterien die Aussagekraft der Ergebnisse steigert. Trotzdem ist es möglich, wie in der durchgeführten Anwendung, ausschließlich einzelne Aspekte zu betrachten.

Literatur

1. Allgemeine Beteiligungs- und Gewerbeimmobilien Verwaltungs GmbH & Co.: Deutschlandhaus – Objekt. https://www.deutschlandhaus.com/de/objekt/. Zugegrifen: 17. Aug. 2022.
2. Heinze GmbH: Ausschreibungstexte – Montagewand, CW 50/100, Gipsplatte Typ F, 2 x 12,5 mm, F 60-A, Rw 48 dB, MW 40 mm, Q3 Ausgabe September 2022.
3. Heinze GmbH: Ausschreibungstexte – Dispersionsfarbe, NAB 2, mittel getönt, matt, Gipsputz neu, innen Ausgabe September 2022.
4. Knauf Gips KG: Knauf Metallständerwände – Trockenbau-Systeme. W11 Ausgabe April 2020.
5. ift Rosenheim GmbH: Umweltproduktdeklaration (EPD) – Profile – Wandprofile korrosionsgeschützt. König GmbH & Co KG.
6. Institut Bauen und Umwelt e.V.: Umweltproduktdeklaration – Feuerverzinktes Stahlband. voestalpine Stahl GmbH Ausgabe April 2022.
7. Bundesministerium für Wohnen, Stadtentwicklung und Bauwesen: Prozess-Datensatz: Knauf GaBi Gipskartonplatten GKB Bauplatte und GKBI Bauplatte imprägniert 12,5 mm; 8,5 kg/m^2. Knauf Gesellschaft m.b.H., 2019, https://oekobaudat.de/OEKOBAU.DAT/datasetdetail/process.xhtml?uuid=a2d35e4b-9b0d-4690-b995-d6eb3909f355&version=00.00.035&stock=OBD_2021_II&lang=de. Zugegrifen: 31. Aug. 2022.
8. Bundesinstitut für Bau-, Stadt- und Raumforschung: Nutzungsdauern von Bauteilen für Lebenszyklusanalysen nach Bewertungssystem Nachhaltiges Bauen (BNB).
9. Knauf Insulation Sprl: Environmental Produkt Declaration – Natureboard 037, Ultracoustic P, TP 115, TP 116, Space Slab 037 and AKUSTIK BOARD. The International EPD System, 2021, https://pim.knaufinsulation.com/files/download/epd_gmw_037_slabs_final_v3.pdf. Zugegrifen: 31. Aug. 2022.
10. ift Rosenheim GmbH: Umweltproduktdeklaration (EPD) – Glas – Flachglas, Einscheibensicherheitsglas und Verbundsicherheitsglas. Schollglas Holding Geschäftsführungsgesellschaft mbH Ausgabe Dezember 2017.
11. Institut Bauen und Umwelt e.V.: Umweltproduktdeklaration – Aluminiumprofil pressblank. Gesamtverband der Aluminiumindustrie e.V. Ausgabe November 2019.
12. Institut Bauen und Umwelt e.V.: Umweltproduktdeklaration – Hybrid-Pulverlack. Verband der deutschen Lack- und Druckfarbenindustrie e.V. Ausgabe Februar 2017.
13. GfA – Dichtungstechnik Joachim Hagemeier GmbH: Unbedenklichkeitserklärung (UE-TPE) Ausgabe September 2007.
14. Kommission Nachhaltiges Bauen am Umweltbundesamt: Schonung natürlicher Ressourcen durch Materialkreisläufe in der Bauwirtschaft – Position der Kommission Nachhaltiges Bauen am Umweltbundesamt (KNBau) Ausgabe Dezember 2018

6 Schlussbetrachtung

6.1 Zusammenfassung

Mit einem Blick auf aktuelle Zahlen und Statistiken wird schnell deutlich, dass Nachhaltigkeit in der Baubrache eine Thematik von zentraler Relevanz ist. Die Zahl der zertifizierten Projekte nimmt in den letzten Jahren deutlich zu [1]. Dementsprechend kommt von Bauherren- und Investorenseite immer häufiger die Frage nach der Nachhaltigkeit der Ausbaufläche auf.

Resultierend daraus untersucht die vorliegende Bachelorarbeit, ob die integrale Büroflächenkonzeption die Nachhaltigkeit der Ausbaufläche beeinflusst. Darüber hinaus erfolgt die Definition von für den Büroinnenausbau relevanten Nachhaltigkeitskriterien. Diese werden zu einem Analysekonzept aufbereitet, welches als Orientierungshilfe bei der Realisierung von möglichst nachhaltigen Ausbauflächen herangezogen werden kann.

Sowohl unterschiedliche Zertifizierungssysteme als auch DIN-Normen beschreiben, dass sich die Nachhaltigkeit von Gebäuden aus drei übergeordneten Dimensionen zusammensetzt: Die ökologische, soziokulturelle und ökonomische Qualität. Das Vorgehen des erarbeiteten Analysekonzeptes orientiert sich an der entsprechenden Struktur. Zudem werden die Grundlagen für das Durchführen einer Nutzwertanalyse sowie verschiedene Forschungsarbeiten, welche Nachhaltigkeit und die damit einhergehenden Kriterien betrachten, herangezogen.

Es erfolgt die Definition von sechs Nachhaltigkeitskriterien: Materialeinsatz, Flexibilität und Umnutzungsfähigkeit, Rückbau und Recyclingfreundlichkeit, thermischer Komfort, akustischer Komfort sowie visueller Komfort. Für alle Kriterien wird ein Betrachtungsvorgehen ausgearbeitet. Anschließend wird das erstellte Analysekonzept anhand einer konventionellen und einer integralen Büroplanung angewandt. Anhand dieser

R. Haas, *Nachhaltigkeit von Produkten zum integralen Innenausbau*, Entwicklung neuer Ansätze zum nachhaltigen Planen und Bauen,
https://doi.org/10.1007/978-3-658-41293-7_6

Gegenüberstellung soll die Beantwortung der übergeordneten Forschungsfrage ermöglicht werden.

Im Zuge der Anwendung des Analysekonzeptes wurde eine konventionelle und eine integrale Ausbaufläche hinsichtlich der Aspekte Flexibilität und Umnutzungsfähigkeit sowie Materialeinsatz gegenübergestellt.

Aus der Betrachtung des Kriteriums Flexibilität und Umnutzungsfähigkeit resultieren deutlich bessere Ergebnisse für die die integrale Ausbauvariante. Insbesondere wurden deutliche Defizite der konventionellen Planung hinsichtlich der Flächeneffizienz unter Einhaltung der Technischen Regeln für Arbeitsstätten aufgezeigt. Die Untersuchung des Materialeinsatzes hingegen ergab deutlich bessere Werte für die konventionelle Gipskartontrennwand im Hinblick auf Primärenergiebedarf und Treibhausgaspotenzial.

6.2 Überprüfung der Zielsetzung

Zu Beginn der Arbeit wurde die Hypothese aufgestellt, dass die integrale Büroflächenkonzeption einen Mehrwert im Sinne der Nachhaltigkeit bietet. Im Nachfolgenden soll diese Hypothese, die daraus abgeleitete Forschungsfrage sowie die Umsetzung der definierten Unterziele überprüft werden.

Um die übergeordnete Forschungsfrage beantworten zu können, bedarf es einer Betrachtung der eingangs definierten Unterziele.

Infolge einer ausführlichen Literaturrecherche wurden im Rahmen der vorliegenden Arbeit die für den Büroinnenausbau relevanten Nachhaltigkeitskriterien ausgewählt und erläutert. Anschließend erfolgt die Ausarbeitung zu einem, für die spätere Anwendung geeigneten, Analysekonzept. Dafür wird das Betrachtungsvorgehen der einzelnen Kriterien beschrieben. Demzufolge werden die beiden ersten Unterziele in Kap. 4 umgesetzt.

Im Verlauf der vorliegenden Arbeit wurde deutlich, dass sich alle Entscheidungskriterien gegenseitig beeinflussen und in Wechselbeziehung zueinanderstehen. Beispielsweise bringen viele Klimageräte einerseits mehr Flexibilität im Falle einer Flächenumstrukturierung, damit einhergehend allerdings auch einen höheren Materialeinsatz, Energieaufwendungen, Umweltwirkungen und Kosten.

Eine aus diesem Grund sinnvolle Betrachtung aller definierten Kriterien konnte infolge des damit verbundenen Umfangs im Rahmen der Arbeit nicht durchgeführt werden. Das Dritte der eingangs definierten Unterziele, die Anwendung des Analysekonzeptes, wurde dementsprechend nur teilweise umgesetzt. Es erfolgte lediglich die Betrachtung von zwei Nachhaltigkeitskriterien für die konventionelle und integrale Planung. Trotzdem war es möglich die Stärken und Schwächen der beiden Bürokonzepte herauszuarbeiten.

Infolge der Anwendung lässt sich die übergeordnete Forschungsfrage wie folgt beantworten:

Ja, die integrale Büroflächenkonzeptionierung nimmt Einfluss auf die Nachhaltigkeit der Ausbaufläche.

Die Anwendung des Analysekonzeptes zeigt abhängig vom gewählten Kriterium unterschiedliche Ergebnisse für die Einflussnahme der integralen Büroflächenkonzeption. Während bei Betrachtung von Flexibilität und Umnutzungsfähigkeit deutlich positive Faktoren und Potenziale nachgewiesen werden konnten, war dies bei der Untersuchung des Materialeinsatzes nicht möglich. Um eine repräsentative Aussage über das Maß der Einflussnahme treffen zu können, müssten noch weitere Nachhaltigkeitskriterien untersucht werden.

Trotzdem hat das integrale Konzept zum Ziel eine gesamtheitliche Konzeption von Büronutzflächen umzusetzen. Dieser ganzheitliche integrale Ansatz ist besonders geeignet für die Berücksichtigung der beschriebenen Wechselbeziehungen zwischen den Nachhaltigkeitskriterien. Aus diesem Grund kann die zu Beginn formulierte Hypothese bestätigt werden: Die integrale Büroflächenkonzeption bietet einen Mehrwert im Sinne der Nachhaltigkeit. Dabei geht es nicht um die positive oder negative Einflussnahme, sondern vielmehr darum einen Überblick und eine Einschätzung der Gesamtnachhaltigkeit des Ausbaukonzeptes zu ermöglichen.

6.3 Ausblick

Das deutlich erkennbare Wachstum der DGNB-Zertifizierungen sowie die hohe Anzahl zertifizierter Büro- und Verwaltungsgebäude zeigen deutlich, dass Nachhaltigkeit beim Planen und Bauen von Büroimmobilien einen hohen Stellenwert hat [1]. Es ist darüber hinaus zu erwarten, dass die Relevanz in den nächsten Jahren weiter zunimmt. Für die vorliegende Bachelorarbeit bedeutet dies ein großes Potenzial für Optimierungen, Weiterentwicklungen und Ergänzungen.

In der vorliegenden Bachelorarbeit ist im Zuge der Praxisanwendung die Betrachtung von zwei Nachhaltigkeitskriterien erfolgt. Um die Stärken und Schwächen des integralen Büroausbaus besser herausarbeiten zu können, ist es sinnvoll das Analysekonzept vollständig mit allen Kriterien anzuwenden. Schwächen, welche dabei aufgezeigt werden, stellen für das Unternehmen Renz Optimierungspotenzial in der Produktentwicklung dar. Es kann sowohl auf Produktebene als auch auf Konzeptebene eine Weiterentwicklung unter Berücksichtigung der Nachhaltigkeit erfolgen.

Da es sich bei der Anwendung um ein reales Bauprojekt handelt, ist es denkbar die zuvor theoretisch gewonnenen Ergebnisse zu überprüfen. Dafür können im Anschluss an die Projektrealisierung, mithilfe empirischer Umfragen, Daten gesammelt und ausgewertet werden. Durch eine Gegenüberstellung der Ergebnisse werden Schwachstellen des Analysekonzeptes deutlich und es kann eine weitere Optimierung erfolgen.

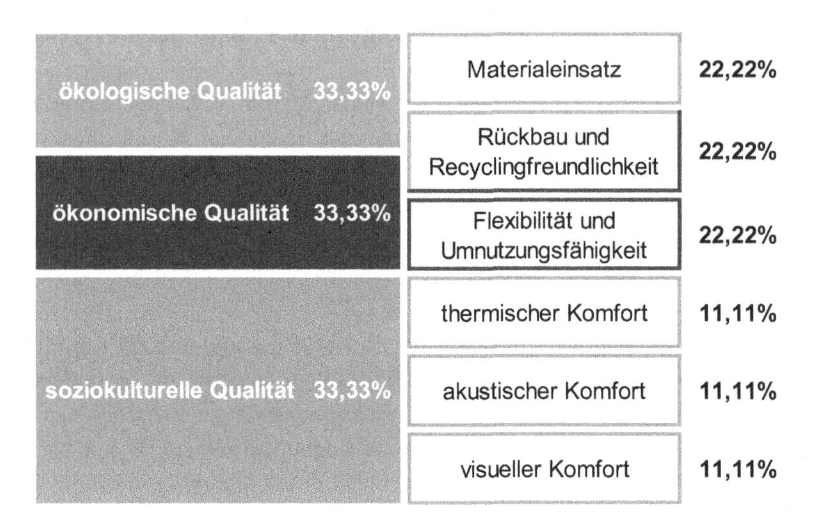

Abb. 6.1 Gewichtung der Entscheidungskriterien

Zudem besteht die Möglichkeit das hier erarbeitete Analysekonzept zu einem vollständigen Bewertungssystem auszuarbeiten. Dafür müssten einerseits konkrete Bewertungsmaßstäbe festgelegt werden sowie eine damit verbundene Quantifizierung der Bewertung erfolgen. Außerdem braucht es ein Gewichtungssystem, das die Bewertung der einzelnen Betrachtungsaspekte bezüglich der Gesamtnachhaltigkeit abbildet.

Für die Erstellung eines Gewichtungssystems gibt es mehrere Vorgehensmöglichkeiten. Eine davon ist der kaskadierte Aufbau. Dabei werden einzelne Kriterien zu übergeordneten Kategorien zusammengefasst. Es entsteht eine hierarchische Struktur mit einer oder mehreren Ebenen. Anschließend folgt sukzessive eine Gewichtung der Kriterien anhand der hierarchischen Ebenen. [2].

Eine beispielhafte Möglichkeit zur Gewichtung der Kriterien ist in Abb. 6.1 dargestellt.

Bei der beispielhaften Kriteriengewichtung wurden ausschließlich die übergeordneten Dimensionen und die Nachhaltigkeitskriterien berücksichtigt. Im Verlauf der Bachelorarbeit wurden die Nachhaltigkeitskriterien in weitere Betrachtungsaspekte untergliedert. Aufbauend auf der vorliegenden Arbeit ist es denkbar, ein umfassendes Gewichtungssystem unter Berücksichtigung aller Aspekte auszuarbeiten und damit die Nachhaltigkeitsbetrachtung zu quantifizieren.

Literatur

1. *Deutsche Gesellschaft für Nachhaltiges Bauen – DGNB e.V.:* DGNB Zertifizierungen 2021 Ausgabe Juni 2022.
2. Kühnapfel, J. B. (2021). *Scoring und Nutzwertanalysen.* Wiesbaden: Springer Fachmedien Wiesbaden.

Anlagen

R. Haas, *Nachhaltigkeit von Produkten zum integralen Innenausbau*, Entwicklung neuer Ansätze zum nachhaltigen Planen und Bauen,
https://doi.org/10.1007/978-3-658-41293-7

Anlage 1

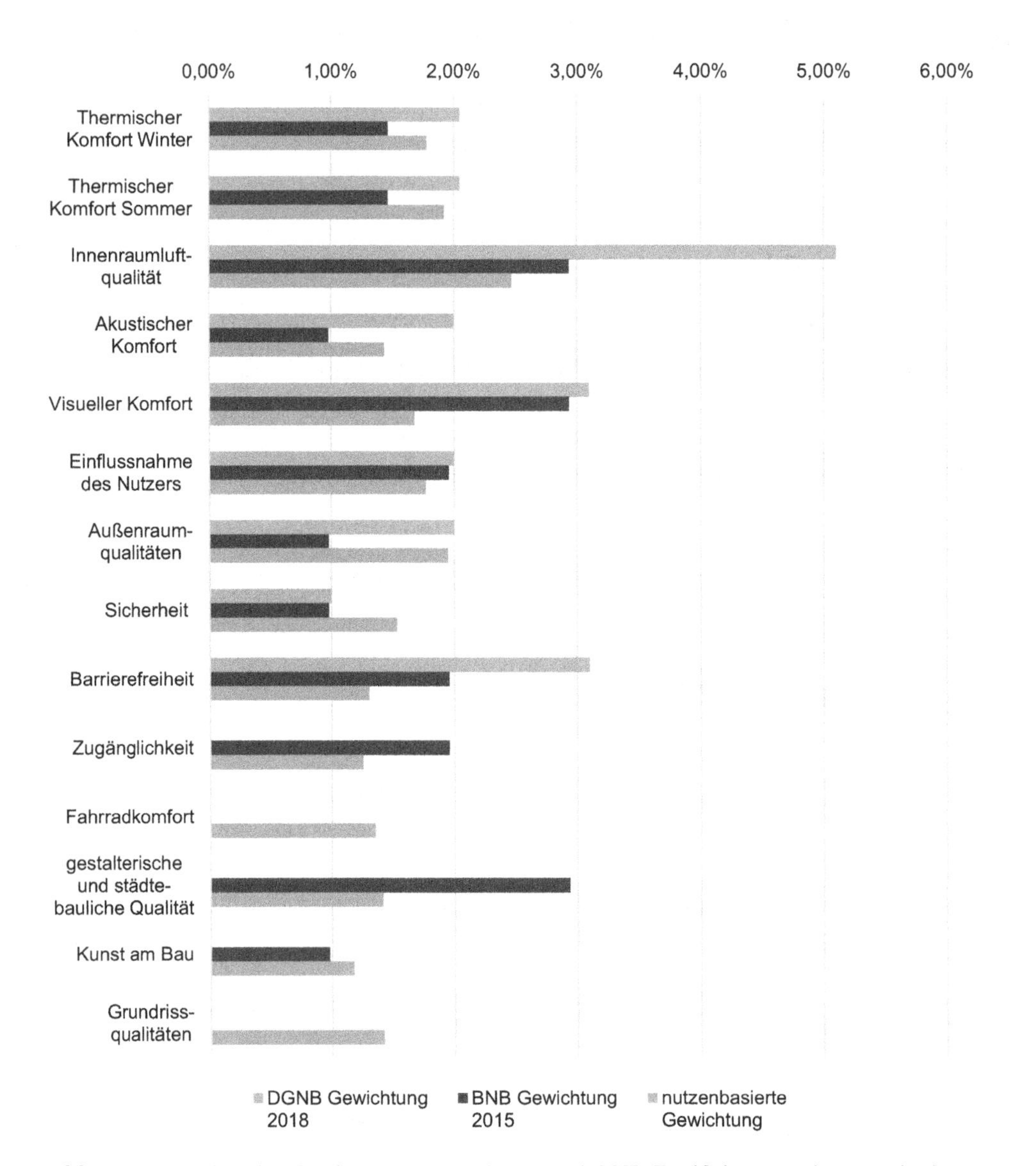

Abb. A.1 Vergleich der Gewichtung von DGNB- und BNB-Zertifizierung mit nutzenbasierter Gewichtung in Anlehnung an [12]

Anlage 2

Tab. A.1 Umbaukosten im Verlauf der Nutzungsdauer

Nutzungsdauer	Glastrennwand				Gipskartontrennwand			
	Anschaffungs-kosten	Umbaukosten	Summe Glas	Kosten pro Nutzungsjahr Glas	Anschaffungs-kosten	Umbaukosten	Summe GK	Kosten pro Nutzungsjahr GK
0	490,00 €		490,00 €	490,00 €	298,00 €		298,00 €	298,00 €
5	- €	98,00 €	588,00 €	117,60 €	298,00 €	59,60 €	655,60 €	131,12 €
10	- €	98,00 €	686,00 €	68,60 €	298,00 €	59,60 €	1.013,20 €	101,32 €
15	- €	98,00 €	784,00 €	52,27 €	298,00 €	59,60 €	1.370,80 €	91,39 €
20	- €	98,00 €	882,00 €	44,10 €	298,00 €	59,60 €	1.728,40 €	86,42 €
25	- €	98,00 €	980,00 €	39,20 €	298,00 €	59,60 €	2.086,00 €	83,44 €
30	- €	98,00 €	1.078,00 €	35,93 €	298,00 €	59,60 €	2.443,60 €	81,45 €
35	- €	98,00 €	1.176,00 €	33,60 €	298,00 €	59,60 €	2.801,20 €	80,03 €
40	- €	98,00 €	1.274,00 €	31,85 €	298,00 €	59,60 €	3.158,80 €	78,97 €
45	- €	98,00 €	1.372,00 €	30,49 €	298,00 €	59,60 €	3.516,40 €	78,14 €
50	- €	98,00 €	1.470,00 €	29,40 €	298,00 €	59,60 €	3.874,00 €	77,48 €

Anlage 3

Tab. A.2 Berechnung Primärenergiebedarf und Treibhauspotenzial der Glastrennwand

Materialien	Massen	Primärenergiebedarf (erneuerbar, nicht erneuerbar)		Treibhausgaspotenzial	
		A1-A3	Summe	A1-A3	Summe
Alu pulverbeschichtet	2,57 kg	155,70 MJ/kg	400,15 MJ	8,59 kg CO2-Äq./kg	22,08 kg CO2-Äq
Glas VSG 12 mm	2,92 m^2	171,94 MJ/(m^2mm)	6024,78 MJ	7,93 kg CO2-Äq./(m^2mm)	277,87 kg CO2-Äq
			6424,93 MJ		**299,94 kg CO2-Äq**

Tab. A.3 Berechnung Primärenergiebedarf und Treibhauspotenzial der Gipskartontrennwand

Materialien	Massen	Primärenergiebedarf (erneuerbar, nicht erneuerbar)		Treibhausgaspotenzial	
		A1-A3	Summe	A1-A3	Summe
Stahlband	5,54 kg	22,32 MJ/kg	123,65 MJ	2,35 kg CO2-Äq./kg	13,02 kg CO2-Äqv
UW-/CW-Profil	8,00 lfm	20,07 MJ/lfm	160,56 MJ	1,72 kg CO2-Äq./lfm	13,76 kg CO2-Äqv
Gipskartonplatten 12,5 mm	12,00 m^2	37,39 MJ/m^2	448,68 MJ	1,07 kg CO2-Äq./m^2	12,84 kg CO2-Äqv
Dämmstoff 40 mm	3,00 m^2	16,10 MJ/m^2	48,30 MJ	0,65 kg CO2-Äq./m^2	1,95 kg CO2-Äqv
			781,19 MJ		**41,57 kg CO2-Äqv**